Jürg Meier

W0188552

Erfolgreiche Führungsgespräche

Gesprächstechniken für Führungskräfte

Jürg Meier

Erfolgreiche Führungsgespräche

Gesprächstechniken für Führungskräfte

Bibliografische Information Der Deutschen Bibliothek

Die Deutsche Bibliothek verzeichnet diese Publikation in der Deutschen Nationalbibliografie; detaillierte bibliografische Informationen sind im Internet über http://dnb.ddb.de abrufbar.

ISBN 3-89749-464-7

Lektorat: Susanne von Ahn, Hasloh
Umschlaggestaltung: +malsy Kommunikation und Gestaltung, Bremen
Umschlagfoto: Zefa Visual Media, Hamburg
Satz und Layout: ZeroSoft, Timisoara (Rumänien)
Druck und Bindung: Salzland Druck, Staßfurt

www.gabal-verlag.de – More success for you!

Inhaltsverzeichnis

Geleitwort

Jürg Meiers Arbeitsbuch zum Thema „Führen durch Gespräche" ist frisch aus der Praxis heraus vor dem Hintergrund einer vielseitigen Führungserfahrung geschrieben worden. Systematisch aufgebaut, mit zahlreichen Beispielen, Übungsaufgaben und Checklisten, bietet es dem Leser gute Orientierung in verschiedenen Führungssituationen: vom Motivations- über das Förder- und das Tadelsgespräch bis hin zum Entlassungsgespräch und zum Ansprechen heikler Themen.

Im Laufe der Lektüre erfährt der Leser, dass *erfolgreiche Führungsgespräche* vor allem in einer gelungenen Fragetechnik bestehen. Denn: *Wer fragt, der führt!* Dabei wird er die klare Sprache des Autors, oft mit einem Schuss Ironie und Humor gewürzt, als angenehm empfinden.

Einen besonderen Wert dieses Arbeitsbuches für Praktiker macht sein methodischer Aufbau aus: Über praktische Eingangsbeispiele und erläuternde Passagen wird der Leser zu Übungsfragen und abschließendem Eigen-Feedback geführt. Der Anhang gibt erklärende Hinweise zu den vielfältigen Aufgaben. Über das gut strukturierte Inhaltsverzeichnis und ein umfassendes Register gelangt der Leser schnell zu den für ihn wichtigen Bereichen.

Soweit es um ganz konkrete Fragestellungen zu bestimmten Führungssituationen geht, wird es hilfreich sein, genau dort mit der Lektüre zu beginnen. Andere Möglichkeiten bestehen im systematischen Erarbeiten der Inhalte oder im Durchblättern des Buches, um sich zunächst einen Überblick zu verschaffen und anschließend gezielt gewünschte Aspekte zu vertiefen.

Jeder Vorgesetzte, der mehr über das Führen mit Worten erfahren will, sollte sich vorher die Zielfrage stellen: Was will ich mit der Lektüre überhaupt erreichen? Denn: *Erfolg ist der Grad der Zielerreichung.*

Diese eingängige und grundlegende Definition von Erfolg – und dies führt der Autor sehr einfühlsam aus – wird im Hinblick auf die Art der Gesprächsführung noch erweitert: *Erfolg ist die Zufriedenheit aufgrund von Grad und Art der Zielerreichung* (Grundlagen-Definition des Aus- und Weiterbildungskonzepts *STUFEN zum Erfolg*).

Ein Gespräch kann abschließend – von der sachlichen wie von der menschlichen Seite aus betrachtet – nur dann als Erfolg gewertet werden, wenn das Ergebnis den Zielen entspricht und die Kommunikation ohne vermeidbare Konfrontation (im Sinne von Kapitel 8) abgelaufen ist. Ein erfolgreiches Gespräch schafft die Grundlage für eine weitere konstruktive Zusammenarbeit oder gegebenenfalls für eine Trennung ohne Verletzungen (und Hass). Dabei hilft die Erkenntnis, dass wir andere Menschen zwar nicht direkt ändern, sie aber durch unser Vorbild durchaus beeinflussen können. Eine Führungskraft sollte stets auf ihr eigenes beispielhaftes Verhalten achten, wenn sie das Umfeld schaffen will, in dem Mitarbeiter sich selbst motivieren, Überdurchschnittliches zu leisten.

Das vorliegende Buch gibt hier sinnvolle Hilfestellung; den Erfahrungs-Weg muss der Leser allein beschreiten. Aber er kann sich von Zeit zu Zeit beim Autor Rat holen: zum Führen durch Gespräche – in der richtigen Art und Weise.

Ich wünsche allen Leserinnen und Lesern hierzu eine anregende Lektüre.

Billigheim / Pfalz, im August 2004

Hardy Wagner
Gründer des GABAL Verlags

Zu diesem Buch

„Ich habe in meinem Leben sehr viel gehalten, aber nicht den Mund."

(Werner Finck)

„Reden ist Silber, schweigen ist Gold" heißt ein altes Sprichwort. Es entstammt einer Zeit, in der es den einen gestattet war zu sprechen, während die anderen zu schweigen hatten. Obwohl es auch heute durchaus in vielen Situationen angebracht sein mag zu schweigen, gilt doch immer mehr: *„Reden ist Gold"*. Dies unter der Voraussetzung, dass wir mit Reden nicht einfach oberflächliches Geschwätz meinen, sondern Gesprächsführung mit klaren Zielen.

„Reden ist Gold"

Als Führungskraft müssen Sie die Unternehmensziele im Blick haben und selbst klare Ziele vorgeben, um erfolgreich zu sein. In jeder Organisation sind letztlich Menschen für die zu erreichenden Ergebnisse verantwortlich. Je wohler sich alle Mitarbeiter bei ihrer Aufgabe fühlen, desto größer ist die Wahrscheinlichkeit, dass sie die vereinbarten Ziele erreichen und die erwarteten Ergebnisse liefern. Das Wohlbefinden des einzelnen Mitarbeiters hängt ursächlich von der Zusammenarbeit mit seinem direkten Vorgesetzten ab. Die Art und Weise, wie Führungskräfte mit ihren Mitarbeitern umgehen, entscheidet deshalb über die Qualität der Führung wie über den Erfolg der Organisation als Ganzes. Führen hat sehr viel mit Kommunikation zu tun, ja heute gilt:

Führen ist Kommunikation.

9

Führen mit Gesprächen Sie führen in erster Linie mit Gesprächen. Ohne Führungskonzept und ohne gemeinsames Führungsverständnis allerdings kann keine Organisation nachhaltig erfolgreich geführt werden. In diesem Sinn müssen erfolgreiche Führungsgespräche eingebettet sein in ein definiertes und kommuniziertes Konzept. Die Mitarbeiter erwarten, dass die Vorgesetzten das Führungskonzept mittragen und vorleben. Ganz wichtig ist dabei die Glaubwürdigkeit der Führungskraft.

Führungserfolg hat viel mit Menschenkenntnis zu tun. Das Wichtigste, was Sie in diesem Zusammenhang wissen müssen:

> **Wir können die Menschen nicht ändern, wir müssen sie nehmen, wie sie sind.**

Je rascher Sie sich mit diesem Gedanken vertraut machen, desto besser werden Sie Ihre Mitarbeiter führen können. Wenn wir die Menschen auch nicht ändern können, so können wir sie doch beeinflussen – idealerweise in Richtung auf die Ziele der Organisation, in der wir Verantwortung tragen. Von einer guten Führungskraft wird genau das erwartet: gemeinsam mit ihren Mitarbeitern die Ziele des Unternehmens zu erreichen. Das schaffen Sie am besten mit guten, konstruktiven Gesprächen.

Ziele des Buches In diesem Buch

- erhalten Sie einen Überblick über die wichtigste Aufgabe einer Führungskraft – die Gesprächsführung;
- erfahren Sie, wie Sie sich jeder Führungssituation mit dem richtigen Gespräch stellen;
- lesen Sie, wie Sie sich auf Führungsgespräche so vorbereiten, dass Sie Ihre Ziele einvernehmlich mit dem betreffenden Mitarbeiter erreichen.

Alle Anregungen in diesem Buch, alle vorgestellten Gesprächstypen entspringen meiner zwanzigjährigen Führungserfahrung und sind damit praxiserprobt.

Eine klare Gliederung und ein übersichtliches Layout mit zahlreichen Abbildungen und Checklisten erleichtern Ihnen die Arbeit mit dem Buch. Folgende hilfreiche Elemente finden Sie zu Ihrer Unterstützung:

- Merksätze und Tipps
- Übungen
- Fallbeispiele aus der Praxis
- Checklisten zur Reflexion und Rekapitulation des Gelesenen.

Ich wünsche Ihnen erfolgreiche Führungsgespräche.

1 Führen ist einfach

Führungskonzept und Führungsverständnis

*„Wenn wir uns uneinig sind, gibt es wenig, was wir tun kön-
nen. Wenn wir uns einig sind, gibt es wenig, was wir nicht
tun können."*

(John F. Kennedy)

Führen ist dann – und nur dann! – einfach, wenn es eingebettet ist in ein Konzept. Ohne Führungskonzept und ohne
gemeinsames Führungsverständnis ist Führung langfristig
nicht nur schwierig, sondern unmöglich.

Das Dreigestirn der Führung

Es sind stets drei Themenkreise, um die sich Führung dreht:
die Ziele der Organisation, die Interessen der einzelnen
Mitarbeiter und das Verhalten der Mitarbeiter in der
Gruppe.

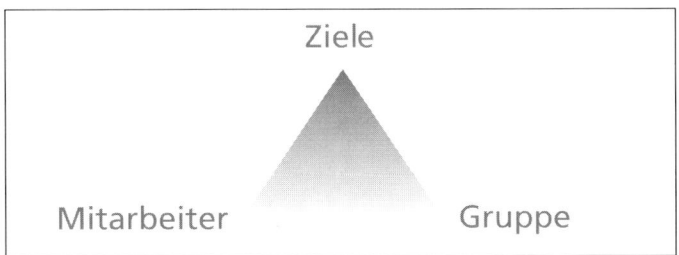

Abbildung 1.1: Das Dreigestirn der Führung

Wie eingangs erwähnt: Es ist die Aufgabe der Führungskraft, alle Mitarbeiter so zu beeinflussen, dass die Ziele der Organisation – im Weiteren des Unternehmens – erreicht werden. Das ist an sich nicht schwierig, geht es doch lediglich darum, dem einzelnen Mitarbeiter im Gespräch klar zu machen, was von ihm erwartet wird.

Wichtig: Missstände ansprechen Gerade hier tun sich Führungskräfte oft schwer, wenn es darauf ankommt, Missstände anzusprechen. Niemand überbringt gern unangenehme Botschaften. Deshalb gibt es auch so wenig Führungskräfte, die wirklich führen. Denn:

Führen heißt auch, Negatives anzusprechen und zu beseitigen.

Die meisten Probleme im zwischenmenschlichen Bereich und damit auch in Unternehmen haben ihre Ursache im Fehlverhalten Einzelner. Interessanterweise suchen wir beinahe reflexartig Erklärungen und Rechtfertigungen für solches Fehlverhalten. Wir suchen Gründe, die den Täter zum Opfer machen. Gelingt uns das, haben wir eine Ausrede, unsererseits nicht aktiv werden zu müssen, denn: Opfer schlägt man nicht!

Typische Entschuldigungen bei Fehlverhalten Typische Floskeln, die Vorgesetzte bemühen, um nicht führen zu müssen, lauten beispielsweise:

- „Er gibt sich ja Mühe ...“
- „Wenn ich aktiv werde, ist der Schaden größer als der Nutzen ...“
- „Es ist politisch nicht möglich, etwas zu unternehmen.“

In meiner langjährigen Arbeit hat sich für mich folgende Maxime menschenorientierter Führung herauskristallisiert, die immer und überall anwendbar ist:

Die Führungsmaxime

„Meine Aufgabe als Vorgesetzter ist es, Entscheidungen zu treffen, die manchmal auch sehr schmerzlich sein können. Dabei darf und werde ich keine Rücksicht auf die Gefühle eines Einzelnen nehmen, wenn durch sein Verhalten Ziel und Auftrag gefährdet sind oder eine Mehrheit darunter zu leiden hat."

„Meine Aufgabe ist es, Entscheidungen zu treffen, die manchmal sehr schmerzlich sein können ..." Führungskräfte werden dafür bezahlt, Entscheidungen zu treffen. Solche Entscheidungen sind oft von weitreichender Tragweite, oft schmerzlich und oft unangenehm. Unsere Mitarbeiter erwarten aber Entscheidungen, besonders in unangenehmen Situationen! Und seien wir ehrlich: Unangenehm wird es immer dann, wenn es gilt, das Fehlverhalten Einzelner anzusprechen.

Folgende Prioritäten müssen Sie als Vorgesetzter beachten:
1. Als Führungskraft habe ich zunächst – denn dafür werde ich bezahlt – die Ziele der Organisation zusammen mit meinen Mitarbeitern in Ergebnisse zu verwandeln.
2. Als Führungskraft kann ich diese Ziele nur gemeinsam mit „meiner Mannschaft" – der mir zur Führung anvertrauten Gruppe! – erreichen.
3. Das Verhalten des einzelnen Mitarbeiters ist für den Gruppenerfolg entscheidend, es ist „das Öl" oder „der Sand" im Getriebe.

„... Dabei darf und werde ich keine Rücksicht auf die Gefühle eines Einzelnen nehmen, wenn durch sein Verhalten Ziel und Auftrag gefährdet sind oder eine Mehrheit darunter zu leiden hat."

Auch wenn es auf den ersten Blick nicht so erscheint: Das ist mitarbeiterorientierte Führung, werden doch die Bedürfnisse und Gefühle des einzelnen Mitarbeiters umfassend berücksichtigt – sofern sein Verhalten die Zielerreichung sicherstellt und die Gruppe unter seinem Verhalten nicht zu leiden hat. In dem Augenblick aber, wo sein Verhalten Zielerreichung und Auftrag gefährdet, gibt es keine Rücksichtnahme mehr, damit Schaden abgewendet wird. Auch muss die Führungskraft ihre Gruppe, die unter dem Verhalten eines Einzelnen leidet, schützen, indem sie auf den Einzelnen Einfluss nimmt.

Der Führungsablauf Folgendes Flussdiagramm ist Basis für Führungsentscheidungen:

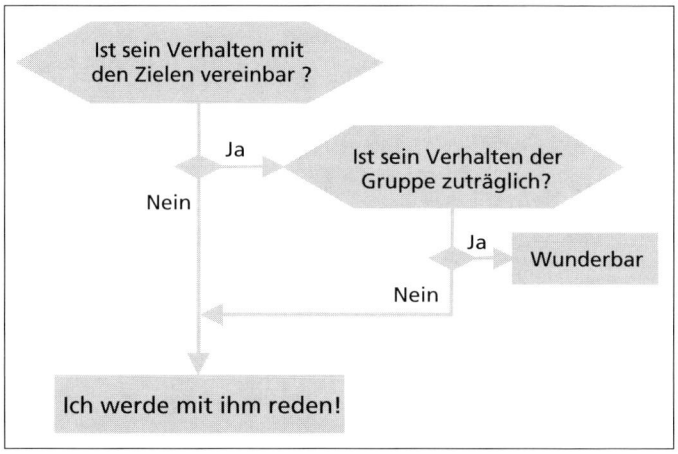

Abbildung 1.2: Der Führungsablauf

Beispiel:
Ein Mitarbeiter zieht
nicht mit
In einer Bank wird die flexible Arbeitszeit eingeführt. Die „Blockzeit", in der alle Mitarbeiter anwesend sein müssen, ist auf 9 Uhr festgelegt. In einer Bankfiliale mit 50 Mitarbeitern trifft ein Mitarbeiter trotz der neuen Regelung immer erst zwischen 9:30 Uhr und 10:15 Uhr ein.

Hier liegt ein typischer Fall vor, dass eine Mehrheit unter dem Fehlverhalten eines Einzelnen zu leiden hat (denn die

Kollegen müssen ja für den Abwesenden mitarbeiten). Unternehmen Sie als Führungskraft nichts, kommen sich diejenigen, die sich an die Abmachung halten, dumm vor. Das Arbeitsklima verschlechtert sich. Und das bleibt in erster Linie am Vorgesetzten hängen – ihm wird Inkompetenz vorgeworfen, nicht dem Mitarbeiter.

Vom Sport können wir eine ganze Menge für unser Führungsverhalten lernen. Sehen wir uns ein Fußballspiel an:

Mit Foulspiel ist im Eifer des Gefechts immer zu rechnen. Dies hat zunächst nichts mit Boshaftigkeit einzelner Spieler zu tun. Fouls geschehen, wo gespielt (gearbeitet) wird. Das Spiel wird nach gewissen Regeln gespielt und der Schiedsrichter („der Unparteiische") sorgt dafür, dass diese Regeln eingehalten werden. Sieht er ein Foulspiel (nicht jedes Foul wird bemerkt, es gibt auch „verdeckte Fouls"...), unterbricht er das Spiel durch einen Pfiff. Bei groben Fouls und wenn ein Spieler durch wiederholtes Foulspiel auffällt, werden „Ermahnungen" ausgesprochen. Manchmal kommt es zu einer „gelben Karte", der Spieler wird verwarnt. Jeder Spieler, der verwarnt ist, weiß: Das nächste Foul kann dazu führen, dass er die „rote Karte" erhält und vom Platz muss ...

Beispiel: Fußballspiel

Schauen wir uns an, was sich davon in die Unternehmenspraxis übertragen lässt:

1. Es gibt Regeln, denen sich alle Beteiligten unterordnen müssen.
2. Wer foult, wird „zurückgepfiffen".
3. Wer die Regeln grob oder fortwährend missachtet, wird ermahnt und anschließend verwarnt.
4. Wer verwarnt ist, muss damit rechnen, bei weiteren unsauberen Aktionen vom Platz gestellt zu werden.

Die festgelegten Regeln müssen allen Führungskräften und

Mitarbeitern des Unternehmens bekannt sein und sie müssen diese situationsgerecht anwenden können. Kurzum: Es muss ein gemeinsames Führungsverständnis geschaffen werden. Dazu sind Unternehmensleitlinien sinnvoll. Für jedes Unternehmen gilt:

Es ist „gute Führungspraxis", wenn wir in unserem Unternehmen Regeln aufstellen, diese offen kommunizieren und konsequent durchsetzen.

Sie sehen: Die Führungsmaxime *„Meine Aufgabe ist es, Entscheidungen zu treffen, die manchmal auch sehr schmerzlich sein können. Dabei darf und werde ich keine Rücksicht auf die Gefühle eines Einzelnen nehmen, wenn durch sein Verhalten Ziel und Auftrag gefährdet ist oder die Mehrheit darunter zu leiden hat"* beinhaltet alles, was erfolgreiche Führung ermöglicht. Sie macht Führen einfach, weil es im konkreten Fall meist leicht ist, festzustellen, ob das Verhalten eines Mitarbeiters im Einklang mit den Zielen und dem Auftrag des Unternehmens steht und der Zusammenarbeit in der Abteilung förderlich ist. Sie kann deshalb als Basis für ein gemeinsames Führungsverständnis dienen.

Übung 1: Die Führungsmaxime
Überlegen Sie, welche Chancen (und Risiken!) sich an Ihrem Arbeitsplatz eröffnen, wenn Sie sich konsequent an der hier vorgestellten Führungsmaxime ausrichten.

Welche Schlüsse möchten Sie aus diesem Kapitel für sich selbst ziehen?

Checkliste zur Reflexion und Rekapitulation:

Ich habe gelernt:

_____

_____

_____

_____

_____

_____

_____

_____

_____

_____

_____

_____

2 Was Führen schwierig macht

Stolpersteine, die Sie kennen sollten

„Wenn Sie ein miserables Management haben wollen, dann schmeißen Sie jeden hinaus, der Ihnen widerspricht, der auf seinem Standpunkt beharrt, der Ihnen Fehler vorhält, der für seine Abteilung kämpft oder Ihnen auf andere Weise unbequem ist."

(Carl Dürr)

Warum nur ist Führen in der Realität eben doch nicht so einfach, wie wir nach den Ausführungen in Kapitel 1 glauben könnten? Nachstehend einige Gründe.

Stolperstein: Die Bodenhaftung verlieren

Beispiele: Tendenz zu astronomischen Gehältern

Percy Barnevik, der frühere Verwaltungsratspräsident und CEO des schwedisch-schweizerischen Elektrokonzerns ABB, ließ sich von seinem Arbeitgeber rund 100 Millionen Euro als Altersvorsorge überweisen.
Mario Corti, der als Verwaltungsratspräsident und Konzernleiter kam, um die schweizerische Luftverkehrsgesellschaft Swissair vor dem Untergang zu retten, bezog gleich zu Beginn seiner Tätigkeit etwa 13 Millionen Schweizer Franken Gehalt für die nächsten fünf Jahre. Wenige Monate später war die Firma pleite.

Die Reihe solcher Beispiele ließe sich beliebig fortsetzen. Sie ist vor allem deshalb so abstoßend, weil die genannten Personen nicht etwa Unternehmer sind, die für Erfolg oder Miss-

erfolg ihres Unternehmens persönlich haften. Als Topführungskräfte sind sie Angestellte wie alle anderen auch.

Es scheint ein Naturgesetz zu sein, dass Topmanager die Bodenhaftung verlieren. Zugrunde liegt hier stets ein Verhalten, das die
Zielerreichung des Unternehmens gefährdet. Zumindest in der
Endphase – etwa, wenn das Unternehmen saniert werden muss
– hat eine Mehrheit der Mitarbeiter nachhaltig zu leiden.

Wer auf der Hierarchieleiter höher klettert, nimmt die Welt
um sich herum anders wahr, wird auch anders wahrgenommen – und ist deshalb in Gefahr „abzuheben"!

Der Blickwinkel ändert sich mit der Position

**Die Gefahr, den Boden der Realität unter den Füßen zu
verlieren und „abzuheben", steigt mit jeder Beförderung
überproportional.**

Je höher man in der Hierarchie steigt, desto mehr Privilegien
genießt man in der Regel. Was anfänglich noch als „Privileg"
(lat. *privilegium*, das „Vorrecht, Sonderrecht") empfunden
wird, schlägt später oft in eine Selbstverständlichkeit um, die
der Betreffende für sich reklamiert. Eitelkeit ist eine sehr
menschliche Eigenschaft. Manche Führungskräfte scheitern
deshalb, weil sie meinen, ihre Position erhebe sie über alle
Regeln. Diese Gefahr wird dadurch vergrößert, dass viele
Menschen dem Träger einer erhöhten hierarchischen Stellung stets ehrfurchtsvoll begegnen. Nancy Reagan berichtet
in ihren Erinnerungen:

**Eitelkeit wird von un-
terwürfigen Mitarbei-
tern unterstützt**

„Wenn die Leute das Oval Office betreten, geschieht etwas mit
ihnen. Irgendetwas in ihnen erstarrt und sie erzählen dem Prä-
sidenten nur noch das, was er ihrer Ansicht nach hören möchte. In manchen Zeiten ist seine Frau vielleicht der einzige
Mensch, der ihm gegenüber wirklich ehrlich sein kann. Wenn er
Glück hat – und wenn es notwendig ist –, wird sie ihm die

schlechten Neuigkeiten überbringen. Oder ihm zumindest einen anderen Blickwinkel eröffnen."

Solches Verhalten erinnert an Friedrich Schillers *Wilhelm Tell*. Manche Führungskräfte vergessen schnell, dass „der Hut" – die Position – gegrüßt wird und nicht der Träger. Die Gefahr, dass sich Macht verselbstständigt und Führungskräfte allen Realitätssinn verlieren, ist besonders groß in Organisationen, in denen die Unternehmenskultur jeden Widerspruch mit Ungehorsam gleichsetzt und Günstlingswirtschaft Vorschub leistet.

> **Wohl dem, der an der Spitze noch ein paar Freunde hat, die ihm ungeschminkt die Wahrheit sagen.**

Gefahr: Kadavergehorsam

Schwache Vorgesetzte halten sich ihren Rücken dadurch frei, dass sie sich mit Mitarbeitern umgeben, die ihnen niemals gefährlich werden können. Hervorragende Führungspersönlichkeiten scharen Mitarbeiter um sich, die sie durch ihre Leistungen täglich neu herausfordern.

Das Mitglied der Konzernleitung eines Schweizer Pharmamultis erzählte mir, dass man höchstens zweimal die Chance hatte, in einer Sitzung der Konzernleitung dem Geschäftsführer offen zu widersprechen. Wer das tat, war einfach bei keiner weiteren Sitzung mehr dabei ...

> **Es ist ein „Qualitätsmerkmal" ungeeigneter Führungspersönlichkeiten, sich mit schwachen Mitarbeitern zu umgeben.**

Sie bannen die Gefahr, Ihrer Eitelkeit zu erliegen und die Realität aus den Augen zu verlieren, wenn Sie sich nicht nur über Ihre berufliche Position definieren. Dulden Sie nicht, dass der Beruf zu Ihrer ganzen Existenz wird. Suchen Sie sich Sinnerfüllung außerhalb des Arbeitsplatzes.

Ging es bisher um eine Frage der Einstellung, so ist es ein tatsächliches Problem, dass, wer aufsteigt, sich unmerklich immer weiter von der „Front" entfernt. Je nach herrschender Unternehmenskultur ist es für eine Führungskraft enorm schwierig, Auge und Ohr noch dort zu haben, wo sich das „wahre Leben" der Organisation abspielt. Manager der oberen Ebenen sind kaum noch mit operativen Entscheidungen befasst.

Fern der Schlacht stehen

Besonders „beliebt" als Motivations- und Glaubwürdigkeitskiller sind bei den Mitarbeitern Memoranden aus der Chefetage, die den Beweis erbringen, dass „die da oben am grünen Tisch" keine Ahnung davon haben, was in der realen Arbeitswelt überhaupt vor sich geht und welche Bedürfnisse „an der Front" bestehen. Wer mit solchen Aktionen beweist, dass er nicht mehr auf dem Laufenden ist, darf sich nicht wundern, dass Führen für ihn immer schwieriger wird.

Problem: Entscheidungen „am grünen Tisch"

Am Standort eines Weltkonzerns mussten alle Geschäftsprozesse definiert und schriftlich dokumentiert werden. Die Vorgabe war auch, dass alle Mitarbeiter im Rahmen von Schulungen mit diesen Dokumenten bekannt gemacht und in ihrem Gebrauch unterwiesen werden sollten. Die Geschäftsleitung erachtete es nicht als nötig, auch an diesen Schulungen teilzunehmen. Man war offensichtlich der Meinung „über d(ies)er Sache zu stehen". Sie können sich leicht vorstellen, welchen Stellenwert die ganze Aktion dadurch bei den Mitarbeitern hatte.

Beispiel: Verordnete Schulungen

Viele Führungskräfte haben allerdings kein Interesse daran, zu erfahren, wie es „an der Basis" aussieht. Wüssten sie es nämlich, müssten sie führen, und das bedeutet ja, sich mit Unangenehmem zu beschäftigen.

Sorgen Sie dafür, dass Sie „am Puls des Geschehens" bleiben. Je höher Sie steigen, desto schwieriger wird dies. Sie finden aber in jeder Position mindestens hundert Möglichkeiten, „Bodenhaftung" zu bewahren. Sie müssen nur wollen.

Stolperstein: Personalentscheidungen

Die richtige Person für den richtigen Platz zu finden, das gehört zu den schwierigsten Entscheidungen einer Führungskraft. Und zu den wichtigsten! Wählen Sie Ihr Personal deshalb außerordentlich sorgfältig und mit Bedacht aus.

Die Entscheidung fällt auf den Entscheider zurück

Die Personalauswahl ist deshalb so schwierig, weil eine Fehlentscheidung auf diesem Gebiet stets auf die Führungskraft zurückfällt. Derjenige, der den betreffenden Mitarbeiter eingestellt hat, ist in der Regel auch dafür verantwortlich, ihn bei Nichtgenügen wieder zu entlassen. Sich einzugestehen, dass man mit der Einstellung einen Fehler begangen hat, verlangt eine menschliche Größe, die vielen Vorgesetzten fehlt. Somit ist derjenige, der handeln sollte, oft der Letzte im Unternehmen, der sich zur entsprechenden Einsicht durchringt.

> **Ein Vorgesetzter, der meint, sein Gesicht wahren zu müssen, hat es bereits verloren.**

Eine falsche Personalentscheidung führt zudem fast immer zu weiteren Fehlentscheidungen. Besonders dann, wenn es sich um einen Mitarbeiter mit Führungsverantwortung handelt. Gute Fachkräfte werden möglicherweise kündigen, weil sie die Zwänge des schwachen Chefs nicht länger ertragen. Das Betriebsklima wird sich nachhaltig verschlechtern.

Beispiel: Zu späte Personalentscheidung

Ein Wissenschaftler wurde als Nachfolger des langjährigen Forschungsleiters eines Unternehmens eingestellt. Zuvor war er nach zehnjähriger leitender Tätigkeit in einem Großunternehmen freigestellt worden – aus „politischen Gründen". Innerhalb eines Jahres verschlechterte sich die Stimmung unter seinen Mitarbeitern massiv. Auch langjährige Mitarbeiter waren verängstigt. Sie fühlten sich vom Chef gegeneinander ausgespielt und nicht ernst genommen.

Der Geschäftsführer, gerade mal einen Monat in dieser Funktion, entließ den Mann. Vergleichsweise rasch kehrte in der Gruppe wieder Ruhe ein.

Etliche Jahre später traf der Geschäftsführer einen Kollegen aus der Firma, in der jener Wissenschaftler früher tätig gewesen war. „Ich bewundere euren Mut, den Mann schon nach einem Jahr zu entlassen. Wir haben uns erst sehr viel später dazu durchgerungen. Unsere Forschungsabteilung leidet heute noch unter den Fehlentscheidungen, die er getroffen hat. Das Schlimmste ist: Alle haben gewusst, dass er nicht auf der Höhe seiner Aufgabe war – und niemand hat etwas getan! Vielleicht lag es ja daran, dass er ein so gewinnendes Wesen hat ..."

Oft spielen Seilschaften mit, wenn junge Mitarbeiter sehr rasch in Führungspositionen aufsteigen, die „Normalsterbliche" erst mit den Jahren – Schritt für Schritt – erklimmen können.

Problem: Protektion

Es ist kein Zeichen guter Führung, Nachwuchskräfte im Lift die Karriereleiter „hochfliegen" zu lassen.

Für jeden Menschen ist es eine gute Lebensschule, auch Enttäuschungen verdauen zu müssen. Solche erlebt nur, wer in einer Position hinreichend Zeit verbringt. Außerdem – wie will der „Überflieger" dem unterstellten Mitarbeiter kompetenten Rat erteilen, wenn er keine Ahnung hat, welche Anforderungen die betreffende Position an den Stelleninhaber stellt?

Das bekannte *Peter-Prinzip* besagt, dass ein Mitarbeiter normalerweise so lange befördert wird, bis er die eigene Inkompetenz erreicht hat. Wie tragisch aber, wenn die Inkompetenz eines Mitarbeiters erst festgestellt wird, nachdem er sich eine oder zwei Stufen oberhalb der Schwelle absoluter Kompetenzlosigkeit befindet?!

Das Peter-Prinzip

25

Eine Faustregel lautet, ein Mitarbeiter sollte eine Aufgabe etwa drei Jahre ausfüllen, damit erkennbar wird, ob er ihr auch wirklich gewachsen ist. Bemerkenswert ist, dass es Manager gibt, die spätestens alle drei Jahre die Firma wechseln. Böse Zungen behaupten, sie entgingen damit dem Risiko, dass ihre Fehlentscheidungen auf sie zurückfallen. Man ist geneigt, solchen Zungen Recht zu geben.

> **Geben Sie jedem Nachwuchsmitarbeiter die Chance, an seinen Aufgaben zu wachsen. Belassen Sie ihn deshalb – in seinem und Ihrem Interesse – etwa drei Jahre in einer Position, bevor Sie ihm den nächsten Karrieresprung ermöglichen.**

Mit dieser Vorgabe erfüllen Sie auch Ihre Pflicht gegenüber Ihrem Unternehmen, die wahrhaft Bewährten und Fähig(st)en mit größeren Aufgaben zu betrauen.

Problem: „Sesselkleber" Nicht nur „Überflieger" können zum Problem für ein Unternehmen werden, auch Menschen, die an ihrer Position „kleben", egal auf welcher hierarchischen Stufe, stören ein gutes Arbeitsklima. Zum einen sind die Friedhöfe voll mit Menschen, die das Gefühl hatten, unersetzlich zu sein. Zum anderen senden solche Mitarbeiter wenig motivierende Signale an die folgenden Hierarchiestufen. Dies besonders dann, wenn eine Topführungskraft über die Altersgrenze hinaus weitermacht, während man die Mitarbeiter mit weniger großem Verantwortungsbereich konsequent in den Ruhestand oder gar Vorruhestand versetzt. Hier steht die Glaubwürdigkeit auf dem Spiel.

Mindestens ebenso schwierig wird die Situation, wenn Verantwortungsträger schon fünf Jahre vor ihrem Rücktrittsalter bei jeder passenden und unpassenden Gelegenheit darauf verweisen, dass sie ja *„in fünf Jahren gehen"*. Damit offenbaren sie ihrer Umgebung, dass sie an der längerfristigen Entwicklung der Organisation nur noch bedingt Interesse haben. Mit dieser Einstellung gefährden sie die Unternehmensziele. Wie will ich meine Mitarbeiter für ihre Aufgabe begeistern, wenn ich selbst keinen Spaß mehr habe?

Stolperstein: Politik

Mindestens 50 Prozent aller Firmenpleiten ließen sich wohl verhindern, wenn die Unternehmen konsequent nach betriebswirtschaftlichen Erkenntnissen geführt würden. Weil aber vieles „politisch nicht machbar" ist, gehen so viele Unternehmen zugrunde. Das gilt auch für die Menschenführung. Allzu oft wird das Richtige nicht getan aus falscher Rücksichtnahme auf „politische Gegebenheiten". Anstatt ein (Personal-)Problem zu lösen, organisiert man um das Problem herum. Dabei kann es sich um „echte Politik" handeln, die etwa Einfluss auf kommunale Einrichtungen nimmt, oder um Firmenpolitik, insbesondere bei multinationalen Konzernen.

In einem öffentlichen Krankenhaus musste ein Chefarzt entlassen werden. Obwohl ein hervorragender Fachmann, war er völlig unfähig zur Teamarbeit. Seine Führungsverantwortung nahm er nicht wahr, in seiner Abteilung herrschte das Chaos. Endlich – nach Jahren – fand man den Mut, das Unvermeidliche zu tun. Im örtlichen Parlament kam es dann zu einigen unangenehmen Fragen. Leserbriefe wurden geschrieben. Die Krankenhausleitung hatte eine „schlechte Presse". Dennoch – aus Sicht der Führung war die Kündigung völlig richtig, wenn auch reichlich spät.
Es wäre jedoch noch die eine oder andere personelle Änderung auf Führungsebene angezeigt gewesen. Aus Angst vor „politischem Druck" hatte man jedoch nicht mehr den Mut, das Notwendige zu tun. Etliche Mitarbeiter leiden weiter unter einem schlechten Betriebsklima, weil es in der Situation „politisch nicht machbar ist", die nötigen personellen Veränderungen vorzunehmen.

Beispiel: Personalpolitik eines öffentlichen Krankenhauses

Viele Nicht- oder Fehlentscheidungen im Bereich der Führung werden aus „politischen Gründen" getroffen. Dabei ist oft nicht eindeutig feststellbar, ob ein echter Sachzwang besteht oder ob sich die Führungskraft hinter diesem Argument versteckt.

> **Wird aus „politischen Gründen" nicht oder falsch entschieden, eskaliert das Problem langfristig immer.**

Stolperstein: Partner und Familie

Viele Führungskräfte besprechen geschäftliche Sorgen mit ihrem Partner. Dagegen ist nichts einzuwenden. Hingegen darf es *niemals* so weit kommen, dass sich der Partner direkt in geschäftliche Angelegenheiten einmischt. Das ist – zumal bei Familienunternehmen – gar nicht selten.

Problem: Versorgungsposten

Wie bereits oben ausgeführt, sind nur wenige Menschen dagegen gefeit, „Seilschaften" zu nutzen oder selbst zu knüpfen. Es ist nahe liegend und aus der Verhaltensbiologie heraus durchaus verständlich, dass Eltern für ihren Nachwuchs sorgen.

> **Verwandtenfürsorge in dem Sinne, dass man für Familienmitglieder Arbeitsplätze – oft in Form von lukrativen Führungspositionen – sichert, schadet einer Organisation langfristig fast immer. Kurzfristig leidet stets die Glaubwürdigkeit.**

Beeindruckend ist der Ansatz eines Mehrheitsaktionärs einer Holding mit sieben erfolgreichen mittelständischen Unternehmen: Seine Kinder bekamen erst eine Anstellung in einem seiner Unternehmen, nachdem sie es in einer fremden Firma mindestens zur Prokura gebracht hatten. „Sie sollen an einem Ort außerhalb meines Einflussbereiches beweisen, dass sie etwas können", war seine Devise.

Fazit:

Führen wird immer dann schwierig, wenn wir die Zieler-reichung wie auch immer gearteten Eigeninteressen unter-ordnen.

Je besser Sie sich die möglichen Interessenkonflikte bewusst machen, desto geringer ist die Gefahr, dass Sie sich darin ver-stricken. Je mehr Sie über den hier beschriebenen „zutiefst menschlichen" Verhaltensmustern stehen, desto einfacher und glaubwürdiger wird Ihre Führung.

Übung 2: Bodenhaftung
Überlegen Sie sich mindestens drei Möglichkeiten, mit denen Sie für sich persönlich „Bodenhaftung" sicherstellen können:

_____

_____

Welche Schlüsse möchten Sie aus diesem Kapitel für sich selbst ziehen?

Checkliste zur Reflexion und Rekapitulation:

Ich hebe nicht ab, weil ...

_____

_____

_____

Kadavergehorsam verhindere ich durch ...

_____

_____

_____

Personalentscheide treffe ich, indem ich ...

_____

_____

_____

Ich verhindere „politische Spielchen", indem ich ...

_____

_____

_____

Ich lasse nicht zu, dass Partner und Familie ...

_____

_____

_____

3 Führen Sie individuell

Das allgemein gültige Rezept gibt es nicht

„Gerecht ist, wer nicht gleichsetzt."

(Hans Lohberger)

Nichts ist schädlicher als die unverbindlichen Allgemeinrezepte mancher Führungsbücher und Führungskurse. Da heißt es beispielsweise: *„Der Mitarbeiter motiviert sich selbst!"* Dabei ist unschwer vorstellbar, dass die Bedürfnisse einer allein erziehenden Mutter mit denjenigen eines aufstrebenden Abteilungsleiters nicht gleichzusetzen sind. Entsprechend ist auch die innere Bereitschaft der beiden, Leistung zu erbringen, nicht miteinander vergleichbar. Wetten, dass manche allein erziehende Mutter am glücklichsten wäre, wenn ihr zum Monatsende das Gehalt einfach überwiesen würde, sie aber zu Hause bleiben und sich den Kindern widmen könnte? Ihr Anreiz, Leistung zu erbringen, ist oft primär die Vergütung, die ihrer Familie die Existenz sichert. Die Leistungsbereitschaft des ehrgeizigen Abteilungsleiters dürfte dagegen eher getrieben sein vom Anreiz, gelegentlich befördert zu werden.

Allgemeine Führungsrezepte helfen nicht

Motivation entsteht aus Bedürfnissen und Anreizen.

Individuelle Führung heißt: Leistungsdimensionen wahrnehmen

Drei Dimensionen
der Leistung

Reinhard K. Sprenger unterscheidet drei Dimensionen der Leistung:

1. Wollen (Leistungsbereitschaft)
2. Können (Leistungsfähigkeit)
3. Dürfen (Leistungsmöglichkeit)

Abbildung 3.1: Die drei Dimensionen der Leistung

Diese Leistungsdimensionen liegen jeglicher Motivation zugrunde. Eine Führungskraft muss hier ansetzen, wenn sie Leistung fördern und fordern will.

32

1. Wollen: die Leistungsbereitschaft

Hier ist der Einfluss des Vorgesetzten eher gering. Für diese Dimension ist der Mitarbeiter weitgehend selbst verantwortlich. Die Erfahrung zeigt allerdings, dass Mitarbeiter, die in ein Unternehmen neu eintreten, in der Regel eine große Bereitschaft mitbringen, etwas zu leisten. Dass das bei manchem nicht so bleibt, hat mit der zweiten Dimension, dem „Können", vor allem aber mit der dritten Dimension, dem „Dürfen" zu tun. Für Letzteres aber ist fast ausschließlich der Vorgesetzte verantwortlich!

2. Können: die Leistungsfähigkeit

Die Leistungsfähigkeit kann – Leistungsbereitschaft des Mitarbeiters vorausgesetzt! – durchaus bis zu einem gewissen Grad optimiert werden, indem Vorgesetzter und Mitarbeiter gemeinsam Förderungs- und Schulungsmaßnahmen vereinbaren. Hier tragen sowohl der Mitarbeiter als auch der Vorgesetzte einen Teil der Verantwortung.

3. Dürfen: die Leistungsmöglichkeit

So mancher Mitarbeiter betritt jeden Morgen seinen Arbeitsplatz mit einer „freizeitorientierten Schonhaltung". Schon längst hat er die innere Kündigung ausgesprochen, erledigt die täglich anfallenden Routinearbeiten zuverlässig und regt sich nicht mehr auf über das, was im Unternehmen geschieht. Er erscheint morgens pünktlich, vor allem aber geht er abends pünktlich nach Hause. Er widmet sich seiner Familie und seinen Hobbys. Fast immer ist es das Verhalten des Vorgesetzten, das den Mitarbeiter demotiviert und zur inneren Kündigung veranlasst. Jede Unternehmensleitung muss wissen, dass der Vorgesetzte gewöhnlich der größte Störfaktor für das unternehmerische Verhalten, die Leistungsmöglichkeit der Mitarbeiter ist.

Problem: innere Kündigung

Als Vorgesetzter – und nur als Vorgesetzter! – haben Sie die Möglichkeit, durch Abstecken geeigneter – mitarbeiterorientierter – Rahmenbedingungen die Leistungsmöglichkeiten des Mitarbeiters zu fördern!

Leistungsfördernde Rahmenbedingungen könnten sein:

- Richtlinien, die dem Mitarbeiter Gestaltungsspielraum lassen
- Umfassende, die Transparenz fördernde Information
- Gemeinsame Zielvereinbarungen
- Anerkennung für vollbrachte Leistungen
- Echtes Interesse des Vorgesetzten an den Ideen des Mitarbeiters

Das aber bedeutet, dass die Unternehmensleitung durch ihr eigenes Verhalten gegenüber den ihr unmittelbar unterstellten Mitarbeitern für Vorgesetzte aller Stufen zum *Vorbild* oder zum *Schreckbild* wird. Etwas salopp ausgedrückt stimmt noch immer der alte Spruch:

„Der Fisch beginnt am Kopf zu stinken!"

Die Leistungsbereitschaft – das „Wollen" – wird durchaus von sehr individuellen Motiven genährt. Deshalb muss und wird der erfolgreiche Vorgesetzte die individuelle Leistungsbereitschaft des einzelnen Mitarbeiters bei seinen Führungsbemühungen berücksichtigen.

Beispiel: Nicht jede Maßnahme dient jedem Mitarbeiter

Der junge Abteilungsleiter eines Pharmaunternehmens kommt von seinem ersten Führungskurs zurück. Dort hat er gelernt, dass nur derjenige ein guter Chef sei, der die Mitarbeiter nach dem Motto „Was schlagen Sie vor?" ihre eigenen Ideen entwi-

34

ckeln lasse. Schließlich seien den Mitarbeitern ihre eigenen Ideen hundertmal lieber als die beste Idee des Chefs.

Motiviert versucht der Abteilungsleiter, das Gelernte in die Tat umzusetzen. Während seine Frage „Was schlagen Sie vor?" von Akademikern und Laboranten gerne aufgenommen wird und gute Ideen nur so hervorsprudeln lässt, blitzt er bei den Mitarbeitern der Tierhaltung völlig ab. Es kommt einfach kein Echo. Dabei möchte er doch nur die Arbeitsabläufe etwas verbessern, was den Mitarbeitern zugute käme. Er versteht nicht, warum er derart auf Ablehnung stößt. Selbst seine Vorschläge werden mit der Begründung „Das geht nicht!" abgeschmettert.

Entnervt bespricht er schließlich sein Problem zu Hause mit seiner Frau. Nach kurzem Überlegen meint diese: „Hast du dir noch nie überlegt, dass diese Mitarbeiter ihre Aufgabe in totaler Routine verrichten? Arbeitet ein Mitarbeiter nicht seit mehr als 20 Jahren bei Mäusen und Ratten? Was tut er denn anderes als täglich immer zur selben Zeit dieselbe Arbeit, vom Füttern bis zur Reinigung? Und da willst du erwarten, dass er voller Enthusiasmus irgendwelche guten Veränderungsvorschläge einbringt? Ich würde in diesem Fall das Konzept, dessen Vorteile ich begründen kann, einfach vorstellen und umsetzen. Mal sehen, was dann passiert."

Anderntags geht der Abteilungsleiter zur Gruppe, stellt sein Konzept vor und verteilt Aufträge an die Mitarbeiter. Zunächst etwas verunsichert, setzen die Mitarbeiter die Aufträge um. Nach einer Anlaufphase von zwei Wochen sind alle zufrieden.

Individuelle Führung vermeidet gut gemeinte Maßnahmen, die an den Betroffenen vorbeigehen. Individuelle Führung heißt, sich ernsthaft für die Belange der Mitarbeiter zu interessieren. Fragen Sie einen Vorgesetzten nach einem seiner Mitarbeiter. Manche können einen Mitarbeiter selbst nach Jahren nicht einmal mit dem Namen ansprechen. Völlig überfordert sind sie, wenn man fragt, was der Mitarbeiter denn außerhalb der Firma treibt. Wohl verstanden, es geht nicht darum, die Mitarbeiter auszuspionieren. Vergessen wir

Wichtig: die Mitarbeiter ernst nehmen

aber eines nicht: Eine Mutter, die ein krankes Kind zu Hause hat und sich Sorgen macht, wird keine volle Arbeitsleistung bringen können. Gleichgültigkeit ist Sand im Getriebe, echte Anteilnahme des Chefs dagegen Öl im Getriebe des Unternehmensmotors. Grundvoraussetzung ist allerdings, dass er auch wirklich zuhört. Es gibt keine größere Enttäuschung für den Mitarbeiter als feststellen zu müssen, dass der Chef seine Antwort auf die Frage nach seinem Wohlbefinden nicht zur Kenntnis nimmt.

Mit den folgenden zwei Fragen können Sie in jeder Situation prüfen, wie viel Hilfe und Unterstützung der Mitarbeiter für eine konkrete Aufgabe benötigt.

Leistungsfähigkeit und Leistungsbereitschaft erkennen

Frage 1: Welche konkreten Fähigkeiten hat der Mitarbeiter bezogen auf die Aufgabe?

Er kann wenig   **Er kann viel**

Frage 2: Welches konkrete Engagement erwarte ich vom Mitarbeiter bezogen auf die

Er will nicht   **Aufgabe?**   **Er will unbedingt**

Frage 1 bezieht sich auf das Können des Mitarbeiters, während Frage 2 sein Wollen berücksichtigt. Diese Fragen lassen sich in jedem Fall näherungsweise beantworten.

Je mehr Ihre Antworten im dunklen Bereich liegen, desto mehr werden Sie als gute Führungskraft Einfluss nehmen müssen.

Beantworten Sie diese beiden Fragen bezogen auf jede konkrete Aufgabe, die Sie einem Ihrer Mitarbeiter stellen wollen. Je nachdem, wie die Antworten ausfallen, werden Sie einen der folgenden vier Führungsstile anwenden.

Vier situations-bedingte Führungsstile

	ANLEITEN	DELEGIEREN
Er will unbedingt	Er will unbedingt Er kann wenig Sie erklären (Ihre) Entscheidung dem Mitarbeiter und diskutieren sie mit ihm.	Er will unbedingt Er kann viel Sie delegieren die Entscheidungsfindung und die Durchführung an den Mitarbeiter.
	LENKEN	UNTERSTÜTZEN
Er will nicht	Er will nicht Er kann wenig Sie geben klare und genaue Anweisungen an den Mitarbeiter und kontrollieren ihn permanent.	Er will nicht Er kann viel Sie ermutigen den Mitarbeiter, Entscheidungen zu treffen. Sie geben Anregungen und Tipps.

Frage 2 (vertikal) | **Er kann wenig** ... **Frage 1** ... **Er kann viel**

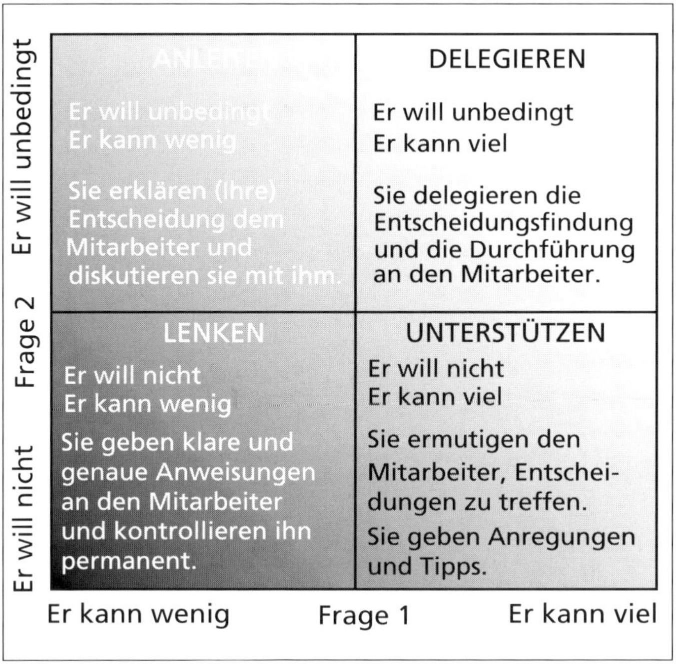

Abbildung 3.2: Vier situationsbedingte Führungsstile

Es ist sehr wichtig, dass Sie sich die zwei Fragen für jede Aufgabe, die Sie einem Ihrer Mitarbeiter übertragen wollen, von neuem stellen. Die Fähigkeiten des Mitarbeiters und sein Engagement können bezogen auf eine Aufgabe sehr unterschiedlich sein.

Als effektive Führungskraft wissen Sie nun, dass Sie Ihren Führungsstil jeweils auf einen Mitarbeiter in einer ganz bestimmten Situation „zuschneiden" müssen. Aus diesem Grund scheitern auch alle Modeströmungen der Führung, die in Form von Rezepten daherkommen.

Übung 3: Innere Kündigung

Was könnten aus Ihrer Sicht Gründe für die innere Kündigung von Mitarbeitern sein?

_____

_____

Welchen Führungsstil möchten Sie zukünftig für welchen Mitarbeiter in welcher Situation anwenden?

Checkliste zur Reflexion und Rekapitulation:

Mitarbeit er (Name)	Wo wende ich welchen Führungsstilan?			
	Wo lenke ich?	Wo leite ich an?	Wo unterstütze ich?	Wo delegiere ich?

Individuelle Führung heißt: gute Kommunikation

Erfolgreiche Führungskräfte sind ihren Mitarbeitern nahe, sehen sie gerne und nutzen jede Möglichkeit zum Gedankenaustausch. Ein Vorgesetzter wird viel besser akzeptiert, wenn die Mitarbeiter mit ihm leicht ins Gespräch kommen können. Folgende Punkte dienen einer guten Kommunikation:

1. Kommunizieren Sie offen

Es erstaunt immer wieder, wie „geheimnisvoll" in manchen Organisationen kommuniziert wird. Hinter jeder Tür, hinter jedem Vorhang wird Werkspionage gewittert. Jede E-Mail wird als für jedermann lesbare Postkarte wahrgenommen. Vor Verlassen des Arbeitsplatzes muss der Schreibtisch zwingend leer geräumt werden. Alle Unterlagen sind wegzuschließen.

Natürlich ist nichts gegen leere Schreibtischplatten einzuwenden, auch sollte man vertrauliche Nachrichten nicht unbedingt über den Mailserver versenden. Es stellt sich allerdings die Frage, ob in einem solch misstrauischen Arbeitsklima Vertrauen aufkommen kann. Je ungezielter wir mit dem Prädikat „Vertraulich" für Informationen umgehen, desto wahrscheinlicher werden Kommunikationspannen.

Wichtig: Was ist wirklich vertraulich?

Ich habe mit meinen engsten Mitarbeitern stets sehr offen kommuniziert und sie möglichst früh in den Prozess der Entscheidungsfindung einbezogen. Dieses Vertrauen wurde nie enttäuscht, hat im Gegenteil meist zu hervorragenden Ergebnissen geführt. Selbstverständlich gehört zu einer offenen Kommunikation auch der Hinweis, dass es Ehrensache ist, gegenüber unbeteiligten Dritten zu schweigen. Die Mitarbeiter entwickeln übrigens selbst ein feines Gespür dafür, ob es sich um eine Angelegenheit handelt, die sich noch in einem sehr vorläufigen Stadium befindet und deshalb vertraulich zu behandeln ist.

Besonders sorgsam müssen natürlich Berufsgruppen wie Ärzte, Seelsorger, Anwälte usw. mit persönlichen Informationen umgehen, da diese auch rechtlich der Geheimhaltung unterliegen. Wer solche Informationen an Dritte weitergeben will, muss die Einwilligung der betroffenen Person einholen.

Die Aussage „Das Folgende unterliegt dem Arztgeheimnis ... dem Amtsgeheimnis ... der Geheimhaltung ...“ entbindet den Sprechenden nicht von seiner Verantwortung als Geheimnisträger. Hier gilt: Was vertraulich ist, muss vertraulich bleiben. Muss man von dieser Maxime aus wichtigen Gründen abweichen, ist unbedingt die Erlaubnis des/der Betroffenen einzuholen.

Auch im Zeitalter der Überkommunikation liegt die undelegierbare Verantwortung für die *echte Vertraulichkeit* vertraulicher Informationen stets beim zuständigen Verantwortungsträger.

Kommunizieren Sie offen und schenken Sie Ihrem Nächsten Vertrauen. Es wird selten enttäuscht. Wirklich vertrauliche Informationen behalten Sie für sich.

Kommunizieren Sie vor allem offen, wenn es sich um Negatives handelt. Hierfür gibt es zwei Gründe. Erstens kommt es sowieso an den Tag. Die Umwelt wird sich dann zu Recht fragen, was denn sonst wohl noch verborgen wird. Zweitens schaffen Sie mit offener Kommunikation Vertrauen. Dieses Vertrauen zu haben ist besonders dann wertvoll, wenn sich Ihr Unternehmen in einer schwierigen Lage befindet.

Übrigens: Manche vertraulichen Informationen finden nur deshalb so schnell in die Öffentlichkeit, weil die meisten Menschen der Versuchung erliegen, mit der Preisgabe von Geheimnissen zu beweisen, wie wichtig sie sind ...

2. Kommunizieren Sie ehrlich

Ein junger Mitarbeiter wurde Zeuge, wie sein direkter Vorgesetzter den Geschäftsführer ohne mit der Wimper zu zucken anlog, indem er ihm „geschönte" Zahlen vorlegte. „Was wollen Sie denn überhaupt? Sie sehen doch, ich habe ihm nur das gesagt, was er hören wollte", wurde ihm auf seine Nachfrage hin geantwortet.

Ehrlichkeit verlangt nicht, dass wir alles sagen, was wir denken. Ehrlichkeit will nur, dass wir nichts sagen, was wir nicht auch denken. Als Führungskraft kommen Sie über kurz oder lang in Teufels Küche, wenn Sie sich nicht der Wahrheit verpflichten. Wenn Sie erwarten, dass Ihnen Ihre Mitarbeiter die Wahrheit sagen, dann gehen Sie mit gutem Beispiel voran.

Ehrlichkeit heißt nicht, alles zu sagen

Manchmal ist es nicht leicht, die Wahrheit zu sagen, selbst wenn es sein muss. In meiner Beratungstätigkeit habe ich einen Weg gefunden, der immer funktioniert – ich erinnere die Kunden einfach an mein Leitbild. Gilt es eine unangenehme Wahrheit loszuwerden, sage ich: „Ein Erfolgsgrundsatz in meinem Firmenleitbild heißt: ‚EHRLICHKEIT – nur durch Wahrheit entsteht Vertrauen!' – Haben Sie etwas dagegen, wenn ich Ihnen die Wahrheit sage?" Obwohl jeder Kunde instinktiv weiß, dass jetzt etwas Unangenehmes kommt, hat noch nie einer gesagt, er möchte lieber angelogen werden ...

Schwierig: unangenehme Wahrheiten vermitteln

Wann immer Sie gewundene Erklärungen hören, warum etwas besser nicht kommuniziert werden sollte – missachten Sie den Vorschlag und machen Sie die Sache rasch publik.

Schlechte Nachrichten kommunizieren Sie am besten unverzüglich.

3. Kommunizieren Sie konsequent

Konsequent zu kommunizieren heißt nichts anderes als durchzusetzen, was man verlangt. Damit haben viele Menschen Mühe. Meist sind sie sich gar nicht im Klaren darüber, dass ihre Inkonsequenz sofort – und oft unbewusst – ausgenutzt wird.

Als junger Offizier übte ich mit meinen Rekruten das Werfen von Handgranaten. Ein Rekrut ging hinter einer Mauer in Deckung und warf seine drei Übungswurfkörper, während die Übrigen in Einerkolonne warteten. Plötzlich erschien der Schulkommandant und rief mich zu sich. „Sehen Sie nicht, dass die Einerkolonne zu nahe beim Werfenden steht? Schicken Sie Ihre Leute drei Meter zurück." – Also befahl ich meinen Soldaten, drei Meter zurückzutreten. Als ich weiter werfen ließ, wurde ich vor versammelter Mannschaft lautstark gerügt: „Messen Sie einmal ab, wie viele Meter Ihre Leute zurückgegangen sind!" (Es waren höchstens anderthalb Meter ...) – „Eines sage ich Ihnen: Wenn Sie drei Meter verlangen, müssen Sie auch drei Meter durchsetzen. Sonst werden Sie von Ihren Leuten nicht ernst genommen!"

Ein inkonsequenter Vorgesetzter ist ein schlechter Vorgesetzter – gerade in den Augen seiner Mitarbeiter.

Setzen Sie konsequent durch, was Sie von Ihren Mitarbeitern verlangen.

4. Kommunizieren Sie mutig

Robert F. Kennedy schrieb in „In Memoriam John Fitzgerald Kennedy": „Mut ist die Tugend, die Präsident Kennedy am meisten bewunderte. Er suchte nach den Menschen, die auf igrendeine Weise ... bewiesen, dass sie Mut hatten, dass sie nicht wanken würden und dass auf sie gezählt werden konnte."

Mut war immer die Voraussetzung für Größe und Erfolg. Langfristig sind nur mutige Menschen erfolgreich. Nur mutige Menschen, Menschen mit Zivilcourage, verdienen Respekt, Achtung und Vertrauen. Neben dem fachlichen Wissen und Können, das viele Menschen besitzen, spielen dort, wo es wirklich darauf ankommt, die absolute Zuverlässigkeit und der Mut die entscheidende Rolle.

Als Führungskraft werden wir oft vor die Gewissensfrage gestellt, eindeutig Stellung zu beziehen, uns neutral zu verhalten oder uns zu drücken. Wer sich seinen Werten und seinen Zielen verpflichtet fühlt, wird auch dann Stellung beziehen, wenn es seinem Gegenüber nicht gefällt.

Wer mutig für eine Sache eintritt, die er als richtig erkannt hat, beweist letztlich, dass man auf ihn zählen kann. Wahrhaft große Menschen ertragen ein mutiges Wort nicht nur, sondern laden dazu ein. Sie wissen, dass das Kommunizieren unangenehmer Wahrheiten der Sache in der Regel dienlich ist.

Mutige Menschen wollen die Wahrheit hören

Der Chefredaktor einer internationalen Verlagsgruppe nahm es mit der Wahrheit und der Ehre sehr genau. Als er feststellte, dass die Konzernleitung Reportagematerial für ein Land in großem Stil bei Agenturen einkaufte und dieses ohne Vergütung für andere Länder und Auflagen verwendete, meldete er seinen Protest an.
Als er daraufhin bei der Konzernleitung nur Unverständnis erntete, trat er freiwillig von seinem Posten zurück, obwohl er alles, was er aufgebaut hatte, zurücklassen musste.
Nun versuchte ihn die Konzernleitung mit allen Mitteln zu bewegen, seinen Entschluss rückgängig zu machen. Die verlockenden Angebote konnten den Mann nicht von seinem Entschluss abbringen. Lieber ließ er sein journalistisches „Kind", dem er seinen Qualitätsstempel aufgedrückt hatte, zurück, als dass er sich mit etwas einverstanden erklärt hätte, das er vor seinem Gewissen nicht hätte verantworten können. Obwohl er sich

Beispiel: Mut trägt langfristig Früchte

durch sein mutiges Verhalten kurzfristig den Nachteil wirtschaftlicher Unsicherheit einhandelte, war er nach einiger Zeit andernorts wieder sehr erfolgreich.

Wer seinen Wertvorstellungen konsequent und mutig folgt, bleibt langfristig immer ein Gewinner.

Übung 4: Mut zur Wahrheit

Wie können Sie dazu beitragen, dass Ihnen Ihre Mitarbeiter die Wahrheit sagen?

_____

_____

_____

Welche Schlüsse möchten Sie aus diesem Kapitel für sich selbst ziehen?

Checkliste zur Reflexion und Rekapitulation:

„Individuell Führen" bedeutet für mich:

... im Hinblick auf
(Mitarbeiter)

_____ | _____

_____ | _____

_____ | _____

_____ | _____

_____ | _____

_____ | _____

_____ | _____

_____ | _____

_____ | _____

_____ | _____

_____ | _____

_____ |

4 Kommunikations-grundlagen

Gesprächs-Basics, die Sie kennen sollten

„Willst du ein guter Partner sein, dann horch erst in dich selbst hinein."

(Friedemann Schulz von Thun)

Zwischenmenschliche Kommunikation ist eine komplexe Angelegenheit, die viele Risiken für Missverständnisse birgt, denn: Gesagt ist nicht unbedingt gemeint. Wenn Sie erfolgreich mit Gesprächen führen wollen, sollten Sie sich im Klaren darüber sein, welche verschiedenen Botschaften in einem Gespräch gesendet und empfangen werden.

Die Kommunikationsmodelle von Watzlawick und Schulz von Thun

Unabhängig davon, ob überhaupt gesprochen wird – immer, wenn Menschen zusammentreffen, kommunizieren sie miteinander, so der Kommunikationspsychologe Paul Watzlawick. Unsere Körperhaltung, unsere Gestik und Mimik signalisieren dem Gegenüber immer etwas. Auch Schweigen ist eine Botschaft. Stellen Sie sich folgende Situation vor:

Beispiel: Körpersprache signalisiert Missachtung

Ein Mitarbeiter betritt mit einem dringenden Anliegen das Büro seines Vorgesetzten. Dieser blickt kaum auf, sondern starrt auf seinen Bildschirm. Mit einer Handbewegung bedeutet er dem Angestellten, seine Unterlagen abzulegen und wieder zu verschwinden. Wie mag sich der Mitarbeiter fühlen?

Genau! Missachtet, nicht ernst genommen.

„Wir können nicht nicht kommunizieren."
(Paul Watzlawick)

Auch unsere Äußerungen transportieren weit mehr als nur Sachinformationen. Watzlawick unterscheidet zwei *Kommunikationsebenen*: die *Sach-* oder *Inhaltsebene* und die *Beziehungsebene*. Je nachdem, wie es um die Beziehung der Gesprächspartner bestellt ist, kommen Äußerungen beim Gegenüber ganz unterschiedlich an. Bewusst oder unbewusst bewerten wir das, was der andere sagt, indem wir es mit seiner Person in Beziehung setzen. Einige Beispiele sollen das verdeutlichen:

Sachebene und Beziehungsebene

- *Der Vorgesetzte sagt in einer Sitzung: „Frau Huber, Sie führen heute bitte das Protokoll."*
  Frau Huber antwortet: „Schon wieder ich!"
  Frau Huber hört: „Sie haben zu wenig zu tun. Sie müssen beschäftigt werden."

- *Die Mutter sagt zum Sohn: „Zieh dich warm an, es ist heute kalt draußen!"*
  Der Sohn antwortet: „Es ist nicht kalt."
  Der Sohn hört: „Du bist ein kleiner Junge. Ich sage dir, was du zu tun hast."

- *Der Lehrer fragt den Schüler: „Woher kommst du so spät?"*
  Der Schüler antwortet: „Wieso?"
  Der Schüler hört: „Gestehe! Ich verdächtige dich, die Schule zu schwänzen."

Je nachdem, wie Sie etwas sagen, machen Sie neben der Sachaussage auch immer eine Aussage über die Beziehung zum anderen, zum Beispiel durch Ihren Tonfall oder Ihre Wortwahl.

Selbstoffenbarung und Appell

Der Psychologe Friedemann Schulz von Thun differenziert hier noch stärker als Paul Watzlawick mit seinem Zwei-Ebenen-Modell. Nach Schulz von Thun hat jede ausgesprochene Botschaft nicht nur eine Sach- und eine Beziehungsebene, sondern beinhaltet noch eine *Selbstoffenbarung* und einen *Appell*. Wer etwas sagt, gibt etwas von sich preis (Selbstoffenbarung) und möchte etwas erreichen (Appell).

Abbildung 4.1: Vier Ebenen einer Botschaft nach Schulz von Thun

Sie sehen: Kommunikation ist ein komplexes System. Stets kommen unsere Gefühle, unsere Stimmungen mit ins Spiel.

Wenn Sie sich belastet fühlen, nehmen Sie manche Mitteilungen viel schwerer als in der Situation eines Hochgefühls. Sie können Ihre Gefühle nicht völlig kontrollieren. Das würde nicht funktionieren, denn zumindest unbewusst machen sich Emotionen immer bemerkbar. Sie können aber bewusst und offensiv mit Ihren Gefühlen umgehen – um der Sache willen und um den anderen nicht zu verletzen. Der gute Vorgesetzte kommuniziert seinem Mitarbeiter, wenn er schlecht gelaunt ist, dass dies mit ihm nichts zu tun hat.

Beispiel: Offen mit Gefühlen umgehen

Der Vorgesetzte hat soeben die Kündigung eines Schlüsselmitarbeiters erhalten. Seine Stimmung ist im Keller. Da tritt eine Mitarbeiterin in sein Büro. „Was ist los?", herrscht er sie an. „Ich wollte ja nur ... die Fotos vom letzten Urlaub bringen, um die Sie mich gestern gebeten haben", stottert die Mitarbeiterin total verunsichert. Er antwortet: „Entschuldigung, ich bin dafür zurzeit nicht in der Stimmung. Es hat aber nichts mit Ihnen zu tun."

Unsere persönliche Art, mit Sprache umzugehen, die „Eigensprache" (*Idiolekt*), beeinflusst die Kommunikation ebenfalls. Oft ist sich der Sprechende der Appelebene seiner Botschaften gar nicht bewusst.

Beispiel: Sprachlich versteckte Appelle

Lachend erzählten mir meine Mitarbeiter auf einer Weihnachtsfeier: „Wenn du ‚prima' sagst, wissen wir, dass wir gehen können. Du bist keine Sekunde länger gesprächsbereit!" Ich wurde belehrt, dass das Wort „prima", von mir ausgesprochen, als Aufforderung zu verstehen sei, mein Büro zu verlassen. Alle Mitarbeiter waren sich dieser Tatsache seit langem bewusst, nur ich selbst hatte keine Ahnung. Auch am Telefon bedeutete „prima" aus meinem Mund, dass das Gespräch nun eigentlich beendet sei ...

Wenn wir Kommunikation nur annähernd verstehen wollen, müssen wir etwa das folgende vernetzte System vor Augen haben:

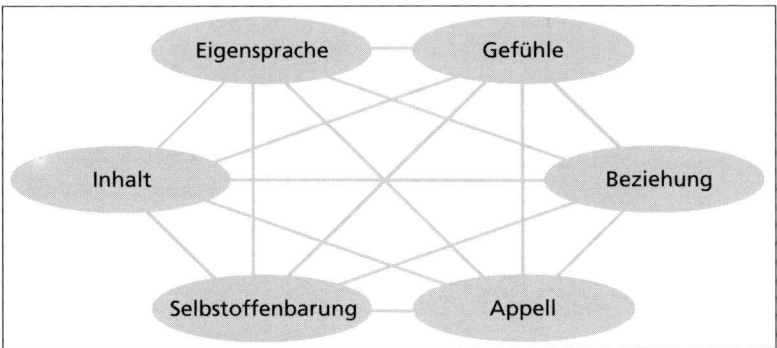

Abbildung 4.2: Das Kommunikationsnetz

Alle angesprochenen Ebenen beeinflussen sich gegenseitig. Auch sind wir durch unser Wertesystem, unsere Einstellungen, unsere Erziehung unterschiedlich geprägt. Diese Prägung bestimmt unsere Wahrnehmung im Gespräch mit und wirkt als selektiver Filter. Kurzum:

Wir nehmen wahr, was wir wahrnehmen wollen.
Unsere Einstellung bestimmt unsere Wahrnehmung.

Übung 5: Finden Sie die vier Gesprächsebenen

Ein Politiker sagt zu einem Arbeitslosen im Rahmen einer Veranstaltung: *„Es ist eine unbestreitbare Tatsache, dass Arbeitslosigkeit kein Schicksal sein muss."*

Sachebene:

_____

_____

_____

Beziehungsebene:

_____

_____

_____

Selbstoffenbarungsebene:

_____

_____

_____

Appelebene:

_____

_____

_____

Archaische Reflexe

Auch unser biologisches Erbe ist manchmal hinderlich, wenn wir mit anderen konstruktiv kommunizieren wollen. Aus der Urzeit tragen wir nämlich noch *archaische Reflexe* mit uns herum. Diese wirken vor allem auf der Beziehungsebene. Archaische Reflexe waren in grauer Vorzeit, als eine auftretende Gefahr oft lebensbedrohlich war, sehr sinnvoll. Reflexartig musste entschieden werden, ob durch Flucht, Gegenangriff oder Totstellen das Überleben gesichert werden konnte.

Unser biologisches Erbe wirkt bis heute

Wenn wir uns in einem Gespräch angegriffen („bedroht") fühlen, reagieren wir manchmal mit einem archaischen Reflex. Unsere Reaktion äußert sich dann auch heute in „Gegenangriff", „Flucht" oder „Totstellen":

Archaischer Reflex „Gegenangriff"
Bei einem Telefonanruf wurde ich – völlig unvorbereitet – von einem Lieferanten schmählich beschimpft. Anstatt in dieser Situation ruhig auf zehn zu zählen, um meinem Denken Zeit zu geben (das kann man lernen ...!), reagierte ich reflexartig mit

Beispiel: Gegenangriff

einem Gegenangriff – und schrie zurück. Sofort befanden wir uns im „Kommunikationsschmetterling".

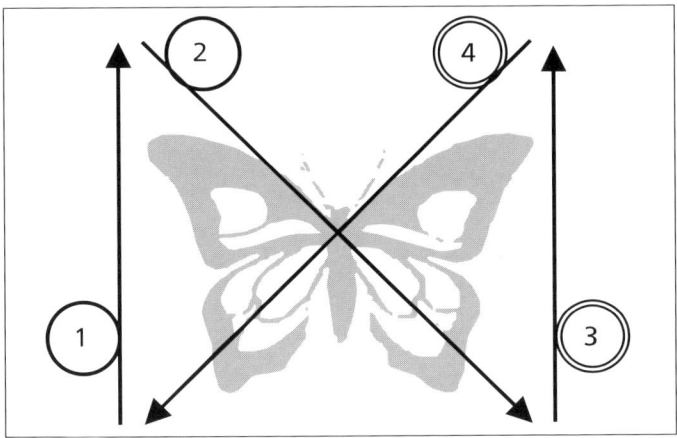

Abbildung 4.3: Der „Kommunikationsschmetterling"

Im *„Kommunikationsschmetterling"* geschieht Folgendes:
1. Jemand ärgert sich und „explodiert". Er lässt eine Schimpftirade los.
2. Dabei wird es ihm wohler, er hat sich abreagiert.
3. Die Schimpftirade wiederum bringt den Angegriffenen „auf die Palme". Er reagiert mit einem verbalen Gegenangriff.
4. Beim „Dampfablassen" wird es ihm wohler.
5. Der Gegenangriff bringt jedoch wiederum den anderen in Rage. Er reagiert seinerseits mit verbalen Ausfälligkeiten.
usw.

Wenn sich zwei Menschen im „Kommunikationsschmetterling" befinden, muss die Kommunikation abgebrochen werden.

Archaischer Reflex „Flucht"

Beispiel: Flucht

Mitarbeiter, die sich einer für sie unerträglichen Situation durch „Flucht" entziehen, sind selten bereit, die wahren Gründe zu nennen. Für sich selbst haben sie ja das Problem gelöst.

Archaischer Reflex „Totstellen"

Von älteren Mitarbeitern hört man oft: „Für mich ist die Situation in der Firma unerträglich geworden. Ich fühle mich ausgeschlossen und von meinen Vorgesetzten nicht mehr verstanden. Aber ich habe keine Chance, mich zu wehren. Schließlich – wo soll ein 58-Jähriger noch einen Arbeitsplatz finden?"

Beispiel: Totstellen

Normalerweise ändert ein Mitarbeiter die oben genannte Situation nicht. Er hat Angst, sonst seine Arbeit zu verlieren. Deshalb gilt: nur nicht auffallen. Oft machen sich diese Mitarbeiter ihre persönliche Situation dadurch erträglich, dass sie innerlich kündigen (siehe Kapitel 2).

Archaische Reflexe sind automatisch wirkende Reaktionsmuster. Sie laufen schneller ab, als wir denken können.

Als Führungskraft müssen Sie deshalb wissen: Ein Mitarbeiter, der mit einem archaischen Reflex reagiert, kann im Augenblick seiner Reaktion „nichts dafür".

Der Verlust an Information im Kommunikationsprozess

Sie haben jetzt einige „Kommunikationsfallen" kennen gelernt. Durch diese Schwierigkeiten geht viel an ursprünglicher Information zwischen zwei Gesprächspartnern verloren. Die folgende Darstellung zeigt im Überblick, wo in einem Gespräch wie viel Information weitergegeben wird.

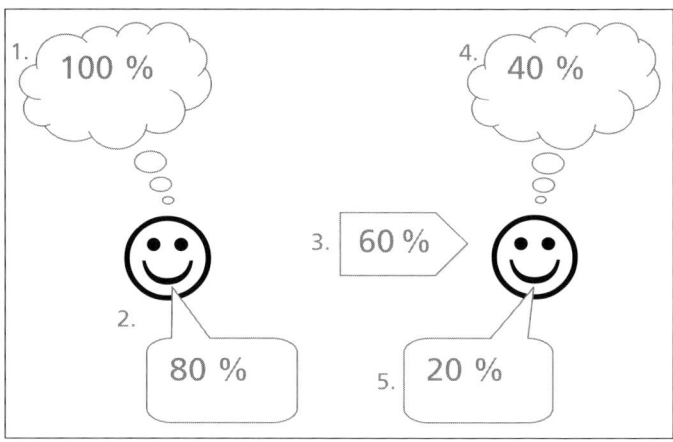

Abbildung 4.4: Der Informationsverlust in einem Gespräch

Stellen wir uns ein Mitarbeitergespäch vor:

Oft erhält der Empfänger nur 20 Prozent einer Information

1. Der Vorgesetzte hat eine Idee, die er an seinen Mitarbeiter weitergeben will. Ihm ist völlig klar, worum es geht (100 Prozent).
2. Der Vorgesetzte spricht zum Mitarbeiter. Durch die „Unschärfe" der Wortwahl geht etwas an Klarheit verloren (es bleiben etwa 80 Prozent übrig).
3. Der Mitarbeiter passt die Aussage seines Vorgesetzten der eigenen Denkweise an und wird durch Nebengeräusche etwas abgelenkt (es bleiben 60 Prozent übrig).
4. Der Mitarbeiter verarbeitet die Information vor dem Hintergrund der eigenen Persönlichkeit (es verbleiben 40 Prozent).

5. Wenn der Vorgesetzte verlangt, dass der Mitarbeiter die Anweisung wiederholt, kann der Mitarbeiter oft nur noch 20 Prozent der ursprünglichen Idee wiedergeben.

Alles, was wir sagen, wird vom Zuhörer dem eigenen Verständnis angepasst. Er sieht jede Aussage durch „die Brille" seiner Einstellung, seiner Stimmung, seiner Vorurteile, seiner Erwartungen und seiner Interessen.

Daraus müssen wir folgern:

Wir sind in einem Gespräch niemals in der Lage, die komplexe Interaktion, die wir Kommunikation nennen, zu überschauen oder gar bewusst zu steuern.

Wir können uns aber für eine kurze Zeitspanne bewusst auf einzelne Aspekte konzentrieren. Dadurch wird es uns möglich, ein Gespräch auf ein Ziel hin zu beeinflussen, auch wenn wir es in seiner ganzheitlichen Dynamik nicht erfassen.

Voraussetzungen für gute Kommunikation

Zum Positiven: Kommunikation kann glücken – allen Schwierigkeiten zum Trotz –, wenn wir einige wichtige Aspekte beachten. Die wichtigsten Voraussetzungen, damit Kommunikation gelingt, sind:

● Einfühlungsvermögen (Empathie),
● Stimmigkeit (Kongruenz),
● Wertschätzung (Akzeptanz).

Einfühlungsvermögen (Empathie)

„Großer Geist, steh mir bei, dass ich über keinen Menschen urteile, bevor ich nicht zwei Wochen lang in seinen Mokassins gegangen bin."

(Gebet der Sioux-Indianer)

Für jeden ist das eigene Verhalten sinnvoll

Je mehr wir in der Lage sind, uns in unsere Mitmenschen einzufühlen, desto besser können wir mit ihnen kommunizieren. Hervorragende Führungspersönlichkeiten können gleichsam „in die Haut des anderen Menschen schlüpfen". Vergessen wir eines nie: Für jeden Menschen ist sein eigenes Verhalten sinnvoll. Das gilt auch und besonders dann, wenn wir ihn nicht verstehen. Deshalb sollten wir über einen Mitmenschen auch nie enttäuscht sein. Einfühlungsvermögen beweisen Sie als Führungskraft immer dann, wenn Sie den Gefühlszustand Ihres Mitarbeiters richtig deuten.

Einfühlungsvermögen lässt sich üben

Üben Sie immer wieder neu, die Gefühle Ihrer Mitmenschen wahrzunehmen. Nutzen Sie dazu jede sich bietende Gelegenheit. Als gute Übungsfelder eignen sich: Bahnhöfe, Warteschlangen, Restaurants. Beobachten Sie in aller Ruhe Mimik, Gestik und Körperhaltung der Menschen in Ihrer Umgebung. Sie schärfen dadurch Ihre Beobachtungsgabe. Mit der Zeit wird es Ihnen gelingen, die Gefühlslage Ihrer Mitmenschen zumindest in der Tendenz zu deuten.

Zeigen Sie Verständnis

Wir alle bemerken intuitiv, ob wir verstanden werden oder nicht. Wenn wir uns nicht verstanden fühlen, beginnen wir im Gespräch unbewusst, unsere Argumente zu wiederholen. Dies geschieht meist in Form von Appellen: *„Hör mir doch zu!"*, *„Begreife doch!"*, *„Es ist wirklich so!"* Gespräche zwischen Personen ohne Einfühlungsvermögen sind unfruchtbar. Die Gesprächspartner werden lauter, schneller, heftiger und erregter. Sie geraten schnell in den „Kommunikationsschmetterling". Zeigen Sie Ihrem Gegenüber deutlich Ihre *Empathie*, etwa, indem Sie aktiv zuhören (siehe unten stehenden Exkurs). Je nachdem, wie Sie auf Ihren Mitarbeiter wirken, wird er sich entfalten oder verschließen.

Exkurs: Aktives Zuhören
Wer wahrhaft aktiv zuhören kann, erweckt in seinem Gesprächspartner ein angenehmes Gefühl der Gemeinsamkeit, des Respekts und des Ernstgenommenseins. Das aktive Zuhören hat noch einen interessanten Nebeneffekt: Wenn der Sprechende bemerkt, dass ihm wirklich zugehört wurde, lässt er seinerseits nicht selten seinem Gesprächspartner ebenfalls die Zeit, sich ausführlich zu äußern und zu offenbaren.

Wie hören Sie aktiv zu? Beim aktiven Zuhören geht es darum, dass der Empfänger (Zuhörer) dem Sender (Sprecher) fortlaufend rückmeldet, was er verstanden hat und wie die Äußerungen seines Gegenübers bei ihm angekommen sind. Insbesondere Männern werden hier Defizite nachgesagt. Dabei ist Zuhörenkönnen eine wichtige Führungseigenschaft. Drei Verhaltensweisen müssen Sie sich aneignen, um ein guter aktiver Zuhörer zu werden:

Aktiv zuhören heißt rückmelden

1. Aufmerksamkeitssignale
2. Verdeutlichende Umschreibung (Paraphrasieren)
3. Feststellungen

1. Aufmerksamkeitssignale
Durch Aufmerksamkeitssignale (Kopfnicken, Lächeln, kurze sprachliche Äußerungen wie „ja", „hm", „oh", „aha") verstärken wir die Aussagen des Gesprächspartners. Er wird ermuntert weiterzureden, er fühlt sich verstanden.

Die kurzen sprachlichen Äußerungen (auch „soziales Grunzen" genannt) sind eminent wichtig beim Telefonieren. Interessanterweise lassen sich geografische Mentalitätsunter-

„Soziales Grunzen" am Telefon

schiede ausmachen. Während man beispielsweise mit einem Schwaben am Telefon gut kommunizieren kann, indem man etwa alle 20 Sekunden mit einem „Mmmh" oder „Ja" reagiert, fragt ein Berliner, wenn er kein „soziales Grunzen" vernimmt, nach spätestens 15 Sekunden, ob man noch am Apparat sei. Den Weltrekord halten wahrscheinlich die Japaner. Ein Japaner gibt am Telefon kurze Äußerungen im Sekundentakt von sich, um seine Anwesenheit zu signalisieren.

2. Verdeutlichende Umschreibung (*Paraphrasieren*)

Das vom anderen Gesagte wird sachbezogen in eigene Worte gefasst und wiederholt. Damit signalisieren wir, dass wir das, was er gesagt hat, auch verstanden haben. Doch aufgepasst:

- Der Inhalt einer Aussage darf sich nicht verändern.
- Der Umfang einer Aussage darf sich nicht verändern.
- Jedes überflüssige Wort sollte vermieden werden.
- Die sinntragenden Elemente sollen mit anderen Worten zurückgespiegelt werden

Typische Umschreibungen

Beim Umschreiben werden typischerweise folgende Äußerungen verwendet:

- Sie sind der Meinung, dass ...
- Sie denken, dass ...
- Sie glauben, dass ...
- Einerseits glauben Sie, dass ..., andererseits sehen Sie die Gefahr, dass ...

Beispiel: Paraphrasieren

Eine Mitarbeiterin beklagt sich über ihren direkten Vorgesetzten: „Wir haben eine neue Kollegin im Geschäft. So ein junges Ding. Die wickelt den Chef ein. Ich arbeite dort seit zwanzig Jahren und plötzlich bin ich nichts mehr wert." Sie paraphrasieren: „Sie sind der Ansicht, dass Ihr Chef jetzt mehr auf Ihre Kollegin hört als auf Sie."

58

3. Feststellungen

Hier fassen Sie die Gefühlslage Ihres Gegenübers zusammen. Solche Inhalte können direkt oder indirekt angesprochen werden. Doch aufgepasst:

Gefühle widerspiegeln

- Die Feststellung soll möglichst immer in Form einer Aussage erfolgen.
- Die Feststellung soll nicht in Frageform formuliert werden.
- Die Feststellung darf nur den Gefühlszustand in einem kurzen Satz beschreiben.
- Wenn das Gefühl nicht zutreffend wiedergegeben wurde, wird es vom Gesprächspartner meistens korrigiert.

Typische Feststellungen sind:

Typische Feststellungen

- „Sie sind ... zufrieden, glücklich, dankbar, ängstlich, heiter, entsetzt, fröhlich, erfreut, stolz, erregt, betrübt, wütend, bedrückt, sauer, gespannt, verunsichert, überrascht, hoffnungsvoll, erleichtert, zuversichtlich, traurig, entspannt ...“
- „Sie fühlen sich ... einsam, verletzt, übergangen, betrogen, unverstanden, mutlos, niedergeschlagen, ausgelacht, zurückgewiesen, nicht ernst genommen ...“
- „Das ... regt Sie auf, beschäftigt Sie, bekümmert Sie, belastet Sie, freut Sie ...“

Bezogen auf das obige Beispiel könnten Sie der Mitarbeiterin, die sich über ihren Vorgesetzten und die neue Kollegin beschwert, etwa sagen: „Sie sind verunsichert. Sie fühlen sich übergangen.“

Es ist nicht ganz einfach, aktives Zuhören zu lernen. Man braucht dazu viel Praxis, da es sich um eine Verhaltensänderung handelt.

Übung 6: Aktives Zuhören

Üben Sie während der nächsten drei Wochen täglich bewusst und konsequent die beschriebenen Verhaltensweisen mindestens dreimal.

Tag	Aufmerksamkeitssignale			Umschreiben			Feststellen		
1	☐	☐	☐	☐	☐	☐	☐	☐	☐
2	☐	☐	☐	☐	☐	☐	☐	☐	☐
3	☐	☐	☐	☐	☐	☐	☐	☐	☐
4	☐	☐	☐	☐	☐	☐	☐	☐	☐
5	☐	☐	☐	☐	☐	☐	☐	☐	☐
6	☐	☐	☐	☐	☐	☐	☐	☐	☐
7	☐	☐	☐	☐	☐	☐	☐	☐	☐
8	☐	☐	☐	☐	☐	☐	☐	☐	☐
9	☐	☐	☐	☐	☐	☐	☐	☐	☐
10	☐	☐	☐	☐	☐	☐	☐	☐	☐
11	☐	☐	☐	☐	☐	☐	☐	☐	☐
12	☐	☐	☐	☐	☐	☐	☐	☐	☐
13	☐	☐	☐	☐	☐	☐	☐	☐	☐
14	☐	☐	☐	☐	☐	☐	☐	☐	☐
15	☐	☐	☐	☐	☐	☐	☐	☐	☐
16	☐	☐	☐	☐	☐	☐	☐	☐	☐
17	☐	☐	☐	☐	☐	☐	☐	☐	☐
18	☐	☐	☐	☐	☐	☐	☐	☐	☐
19	☐	☐	☐	☐	☐	☐	☐	☐	☐
20	☐	☐	☐	☐	☐	☐	☐	☐	☐
21	☐	☐	☐	☐	☐	☐	☐	☐	☐

Stimmigkeit (Kongruenz)

Kongruenz: mit sich im Reinen sein

Kongruenz ist wahrscheinlich der wichtigste Faktor für Führungserfolg. Mitarbeiter spüren sofort, wenn ihr Vorgesetzter nicht voll und ganz hinter dem steht, was er sagt oder tut. Mit sich selbst im Reinen zu sein geht an den Kern unserer menschlichen Existenz. Stimmigkeit hat mit unserer Selbsterkenntnis, unseren Fähigkeiten, inneren Überzeugungen und Werten, mit unserem sozialen Umfeld und unseren Vorstellungen von unserer Identität zu tun.

Sich immer stimmig zu verhalten, das ist gar nicht einfach. Bekanntlich wohnen je nach Situation viele „Seelen" in unserer Brust. Jede dieser „Seelen" meldet sich, für uns oft unbewusst, als innere Stimme zu Wort. Insbesondere, wenn Sie eine wichtige Entscheidung zu treffen haben, sollten Sie diese Stimmen bewusst gegeneinander abwägen. Das ist sehr hilfreich. Die folgende Abbildung zeigt mögliche innere Stimmen in einer Entscheidungssituation.

„Viele Seelen wohnen in der Brust"

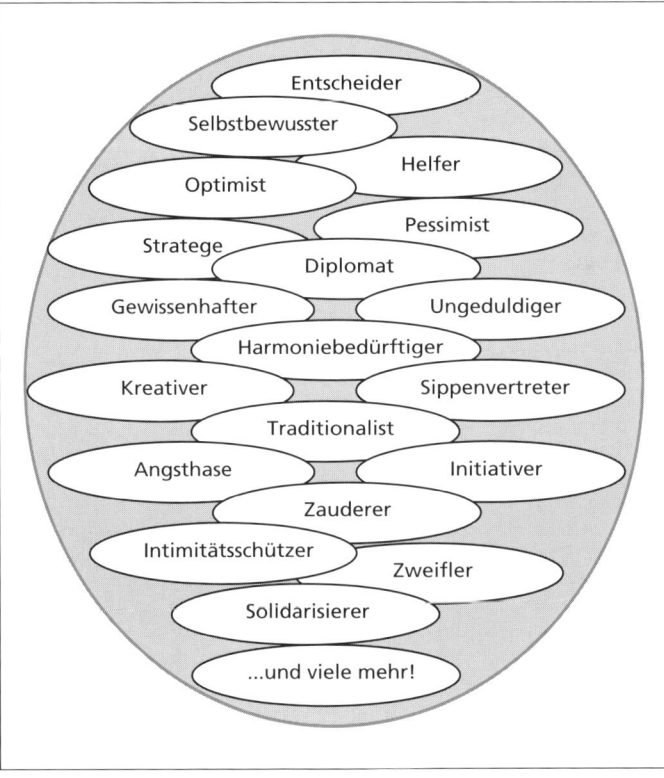

Abbildung 4.5:
Die Vielzahl innerer Stimmen bei einer Entscheidung

In einem Chemieunternehmen arbeitet ein sehr fähiger Akademiker im Laborbereich. Mit der Zeit verdichten sich die Hinweise, dass dieser Mitarbeiter ein schwerwiegendes Alkoholproblem hat. Der Arbeitsplatz ist nicht ungefährlich, weil mit Chemikalien gearbeitet wird, die giftig sind und bei unsachgemäßer Behandlung auch explodieren können. Eine heikle Angelegenheit, die den Vorgesetzten in Gewissensnöte stürzt. Beispielhaft nun einige „Stimmen", die sich im Innern des Betroffenen melden:

Ungeduldiger: „Es muss was geschehen!" ● Optimist: „Es wird alles gut." ● Pessimist: „Da gibt es keine Wendung zum Guten." ● Sippenvertreter: „Er wird mich als Verräter sehen." ● Harmoniebedürftiger: „Hoffentlich ist er nicht böse auf mich." ● Initiativer: „Wenn ich es nicht tue, wer bringt das Problem auf den Tisch?" ● Intimitätsschützer: „Was geht das Ganze mich an? Der ist schließlich alt genug." ● Zauderer: „Sollte man nicht noch abwarten?" ● Zweifler: „Vielleicht ist es ja gar nicht so schlimm." ● Solidarisierer: „Ich war schließlich auch schon besoffen. Vielleicht ist er ja gar kein Alkoholiker." ● Angsthase: „Ich habe Angst, es ihm zu sagen." ● Stratege: „Wenn er so weitermacht, ist die Zielsetzung gefährdet: Er verliert seinen Job. Andere müssen unter seinem Verhalten leiden. Wir müssen etwas tun." ● Entscheider: „Auf welche Stimme muss ich hören?" ...

Seien wir ehrlich: Solche oder ähnliche Gedanken drehen sich in unserem Kopf, wenn wir ein Problem wälzen. Manchmal rauben uns solche schwirrenden Gedanken gar den Schlaf.

Machen Sie sich vor Führungsgesprächen bewusst, was die „verschiedenen Seelen in Ihrer Brust" zur Angelegenheit zu sagen haben.

Wertschätzung (Akzeptanz)

Jeder Mensch hat den Wunsch, Wertschätzung zu erfahren. Jeder von uns möchte als Persönlichkeit geachtet und anerkannt, als Mensch wahrgenommen und geschätzt werden. Erfahren wir ehrliche Wertschätzung, blühen wir auf und werden zu Höchstleistungen fähig. Um andere wertschätzen zu können, ist es ganz wichtig, dass Sie sich selbst annehmen:

Nur wer sich selbst Wertschätzung entgegenbringt, kann auch anderen Wertschätzung zuteil werden lassen.

Eine wichtige Form der Wertschätzung liegt darin, dass wir unseren Mitarbeitern volle Aufmerksamkeit schenken. Das ist nicht immer einfach, kann aber geübt werden. Wenn Sie mit einem Mitarbeiter sprechen, gibt es drei Einflussbereiche, die über Ihre Aufmerksamkeit entscheiden:

Wertschätzung heißt aufmerksam sein

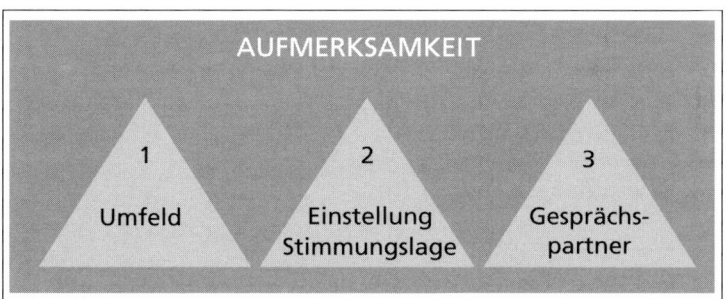

Abbildung 4.6: Einflüsse auf die Aufmerksamkeit

Wenn Sie um diese Einflussgrößen wissen, können Sie sich bemühen, Störungen bewusst abzustellen.

63

1. Einflussgröße Umfeld

- *Ablenkungen vermeiden*
  Sie können Ihre Aufmerksamkeit nicht auf den Gesprächspartner konzentrieren, wenn ständig das Telefon klingelt, laufend jemand „ungebeten" ins Zimmer tritt, Kinder im Raum herumtollen, der PC-Bildschirm im Blickwinkel ist, eine Gruppe Menschen in Hörweite diskutiert usw.

- *Örtliche Umgebung auswählen*
  Führen Sie Ihre Führungsgespräche in einer der Situation angepassten Umgebung. Dies wird meist unter vier Augen sein. Gegebenenfalls (z. B. beim „Entlassungsgespräch") kommt ein Zeuge mit dazu.

- *Richtige Tageszeit wählen*
  Bringen Sie Unangenehmes hinter sich! Heikle Gespräche habe ich immer so gelegt, dass sie noch vor der morgendlichen Kaffeepause über die Bühne gegangen sind. Sie sind nämlich nicht zu sinnvoller Tätigkeit fähig, solange das unangenehme Gespräch wie ein Damokles-Schwert über Ihnen schwebt.

- *Auf Details achten*
  Auch Kleinigkeiten haben großen Einfluss auf unsere Fähigkeit, aufmerksam zu sein. Unterkühlte oder überhitzte Räume sind gleichermaßen untauglich für gute Gespräche. Es ist außerdem gut, wenn etwas Mineralwasser bereitsteht. (In längeren Gesprächen bekommt man oft einen trockenen Mund.)

2. Einflussgrößen Stimmung und Einstellung

- *Antipathie überwinden*
  Zu manchen Mitmenschen fühlen wir uns hingezogen und finden sie sympathisch. Anderen gegenüber haben wir Vorurteile und Antipathien. Das ist wahrscheinlich nie ganz zu vermeiden. Dennoch: Versuchen Sie, den Menschen von der Sache zu trennen.

- *Ermüdungserscheinungen beachten*
  Kein Mensch ist nach der fünften Besprechung noch so frisch wie bei der ersten. Deshalb sollten Sie vor allem unangenehme Gespräche „zuerst" führen.
- *Vorgefasste Meinungen unterdrücken*
  Unsere Aufmerksamkeit dem Nächsten zu schenken bedeutet, dass wir ihm offen – und ohne Vorurteile (= voreilige Urteile!) – begegnen.
- *Interpretationen vermeiden*
  Wir interpretieren meist zu viel. Damit werden die Botschaften unseres Gegenübers in ihrem Sinngehalt oft diametral verändert. Hören Sie zunächst genau hin, bevor Sie urteilen.
- *Wissensstand abgleichen*
  Hin und wieder lohnt es sich festzustellen, ob man von denselben Voraussetzungen ausgeht.
- *Langeweile und Gleichgültigkeit verhindern*
  Manchmal sind wir schlicht nicht in der Lage, uns auf ein Gespräch zu konzentrieren. Vielleicht haben wir Probleme im Familienkreis oder anderswo. Wir sind dann blockiert, weil unsere Gedanken ständig um unser Problem kreisen. Führen Sie wichtige Gespräche nur ausgeruht.

3. Einflussgröße Gesprächspartner

- *Das äußere Erscheinungsbild*
  Äußerlichkeiten wie etwa schwarze Ränder unter den Fingernägeln, dreckige Schuhe oder Ähnliches haben oft mehr Einfluss auf unsere Aufmerksamkeit, als wir uns bewusst sind.
- *Die Sprechgeschwindigkeit*
  Spricht ein Berliner („Schnell-Sprecher") mit einem Berner („die sprichwörtlich Langsamen"), erschwert allein schon die unterschiedliche Sprechgeschwindigkeit das gegenseitige Verstehen. Versuchen Sie sich davon freizumachen.
- *Die Langatmigkeit*
  Stark engagierte und stark geforderte Menschen (Welcher

Chef zählt sich nicht dazu?) werden nervös, wenn der Gesprächspartner in komplizierten, langen Sätzen und mit Kunstpausen versucht, seine Gedanken auf die Reihe zu bringen. Verlieren Sie nicht zu schnell die Geduld.

- *Aggressive Aussagen*
  Wenn unser Gesprächspartner mit aggressiven oder gar verletzenden Aussagen daherkommt, darf er sich nicht wundern, wenn er schlecht „ankommt". Trotzdem: Hüten Sie sich vor dem „Kommunikationsschmetterling"!

- *Innere Unstimmigkeiten*
  Wer mit sich selbst nicht im Reinen ist, darf nicht erwarten, dass der andere mit ihm ins Reine kommt. Achtung: Kongruenz!

- *Gefühlsausbrüche*
  Ein Gesprächspartner, der sehr rasch weint, beeinflusst das Gespräch oft ebenso negativ wie ein „durchstartender Choleriker". Vermeiden Sie Gefühlsausbrüche, stellen Sie sich aber auf die anderer ein.

- *Desinteresse*
  Jeder Mitarbeiter hat ein Recht darauf, dass sich der Vorgesetzte für ihn als Mensch und für seine Arbeit interessiert. Ebenso hat jeder Vorgesetzte ein Recht darauf, dass der Mitarbeiter seine Aussagen mit Interesse zur Kenntnis nimmt.

Überlegen Sie sich vor jedem Gespräch, inwiefern die Umgebung, Ihre eigene Verfassung und Ihr Gegenüber den Gesprächserfolg behindern könnten. Schenken Sie Ihrem Mitarbeiter in jedem Fall die verdiente Aufmerksamkeit.

Übung 7: Welche Wirkung hat unser Verhalten auf unser Gegenüber?
Stellen Sie sich zwei Menschen im Gespräch vor. Beurteilen Sie die Kommunikation aus der Sicht eines neutralen Dritten.

Kreuzen Sie das jeweils Zutreffende an:

Der Gesprächspartner ...	zeigt Verständnis	zeigt kein Verständnis
1. schaut auf die Uhr.	❑	❑
2. schaut den anderen direkt an.	❑	❑
3. schaut zur Decke.	❑	❑
4. blättert in seinen Unterlagen.	❑	❑
5. unterbricht den anderen nicht.	❑	❑
6. lehnt sich mit verschränkten Armen zurück.	❑	❑
7. schaut desinteressiert zum Fenster raus.	❑	❑
8. spielt mit seinem Kugelschreiber.	❑	❑
9. kritisiert nicht unausgereifte Ideen.	❑	❑
10. gibt konkrete Verhaltens-vorschriften.	❑	❑
11. läuft dem anderen davon.	❑	❑
12. lächelt den anderen an.	❑	❑

Welche Schlüsse möchten Sie aus diesem Kapitel für sich selbst ziehen?

Checkliste zur Reflexion und Rekapitulation:

Berücksichtigen Sie beim nächsten wichtigen Gespräch Ihre inneren Stimmen!		
Stimme	**sagt**	**Rang**
Angsthase		
Diplomat		
Harmoniebedürftiger		
Helfer		
Intimitätsschützer		
Initiativer		
Kreativer		
Optimist		
Pessimist		
Sippenvertreter		
Solidarisierer		
Stratege		
Traditionalist		
Ungeduldiger		
Zauderer		
Zweifler		
Entscheider		

5 Die Gesprächs-strategie

Das Gesprächsziel muss glasklar sein

„Unsere Erfolgsaussichten verbessern sich schlagartig, sobald wir ein Ziel klar vor Augen haben."

(Ernst Ferstl)

Um erfolgreich mit Gesprächen zu führen, müssen Sie genau festlegen, was Sie in einem Gespräch erreichen wollen. Verlassen Sie sich bei entscheidenden Gesprächen nie auf Ihre Spontaneität und Ihre Gefühle. Bei der Zielführung kann Ihnen folgender Sieben-Stufen-Plan helfen, der für alle Entscheidungssituationen gilt:

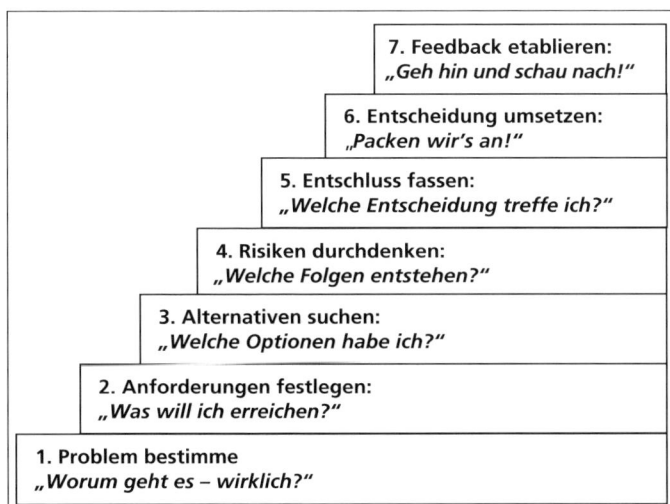

Abbildung 5.1: Sieben Stufen zur Zielführung in Mitarbeitergesprächen

69

Der Zielerreichungsprozess

1. Präzise Problembestimmung: Worum geht es – wirklich?

Sehr oft verdeckt „Vordergründiges" die wahren Schwierigkeiten. Mit Einfühlungsvermögen, Wertschätzung und innerer Stimmigkeit sind Sie jedoch in der Lage zu erfragen, worum es wirklich geht. Oft machen uns unsere Mitarbeiter in verschlüsselter Form auf Probleme aufmerksam.

Beispiel: Worum geht es wirklich?

Ein Mitarbeiter der Buchhaltung legt Ihnen in einem vertraulichen Gespräch seine aktuelle persönliche Situation dar. Seine Frau musste überraschend ins Krankenhaus. Mit einer langwierigen Genesungszeit von ein bis zwei Monaten ist zu rechnen. Nun kann niemand den kleinen Pudel hüten, darum müsse er den Hund ins Geschäft mitnehmen.

Ist hier wirklich der Hund das Problem? Nein. Der Mitarbeiter hat Angst um seine Frau. Es ist sehr gut möglich, dass er in dieser besonderen Situation etwas Toleranz erwartet (zum Beispiel etwas flexiblere Arbeitszeiten). Was mit dem Hund geschieht, ist nebensächlich. Sie können als Chef „Nein" sagen oder eine Ausnahme machen. Aber aufgepasst: Eine solche Ausnahme muss klar kommuniziert werden. Sonst kommt übermorgen ein Mitarbeiter und bringt seinen Papagei mit ...

2. Anforderungen festlegen: Was soll erreicht werden?

Nachdem Sie das Problem genau definiert haben und sich über Ihre Gefühle im Klaren sind, bestimmen Sie das Ziel, das Sie erreichen wollen. Hier geht es darum, dass Sie sich genau überlegen, welches Minimum an Anforderungen die Entscheidung erfüllen muss.

3. Alternativen suchen: Welche Optionen haben Sie?

Begnügen Sie sich nicht mit der offensichtlichsten Variante. Versuchen Sie, Alternativen zu finden. Vergessen Sie vor allem nicht die Nullvariante („Was geschieht, wenn ich gar nichts tue?"). Gehen Sie von dem aus, was Sie für richtig erachten, und nicht von dem, was allgemein annehmbar erscheint. Es geht hier nicht um Politik.

4. Risiken durchdenken: Welche Folgen entstehen?
Durchdenken Sie die Risiken jeder Alternative.

- Es gibt Risiken, die einzugehen wir uns leisten müssen.
- Andererseits gibt es manchmal Risiken, die einzugehen wir uns nicht leisten können.

Es lohnt sich über die Risiken nachzudenken, die eine Entscheidung nach sich zieht.

5. Entschluss fassen: Welche Entscheidung treffe ich?
Wenn Sie alle diese Schritte sorgfältig durchgegangen sind, können Sie ruhigen Gewissens entscheiden. Es gibt viele Menschen, die sich auch jetzt noch nicht zu einer Entscheidung durchringen können. Denn:

Entscheiden bedeutet immer auch verzichten.

Und wer verzichtet schon gern auf eine Möglichkeit? Entschlusslosigkeit ist eine häufig anzutreffende Schwäche von Führungskräften. Führungskräfte, die das Risiko zu entscheiden nicht auf sich nehmen können, sollten aber augenblicklich den Beruf wechseln. Ist die Entscheidung gefällt, lohnt es sich, gegebenenfalls einmal darüber zu schlafen. Hören Sie auch auf Ihre „innere(n) Stimme(n)".

Führungsschwäche: Entschlusslosigkeit

6. Entscheidung umsetzen: Packen wir's an!
Der in der Regel zeitraubendste Teil ist die Ausführung der Entscheidung. Wie gehen wir vor? *Wer* macht *was* bis *wann* *wie*, gegebenenfalls *mit wem*? Im Zusammenhang mit einem

71

Führungsgespräch bedeutet das: *Wer* spricht mit *wem* (bis) *wann* mit welchem *Ziel* (zu erreichendem Ergebnis)? Bedenken Sie weiter:

> **Eine Entscheidung endet nicht mit dem Entschluss, sondern mit dessen Durchführung!**

Oft beobachten wir in Unternehmen die untragbare Situation, dass die höchste Auszeichnung denen zuteil wird, die sich nicht an gefasste Entschlüsse halten. Werden Entscheidungen in einem Gremium getroffen, hat sich jeder an die Entscheidung zu halten.

7. Feedback etablieren: Geh hin und schau nach!

Aus dem Militärdienst wissen wir: Wirkungslosigkeit ist das Schicksal der meisten Befehle. Die einzige zuverlässige Rückkopplung liegt darin, selbst hinzugehen und nachzusehen, ob die Entscheidung vom betroffenen Mitarbeiter auch in der Praxis umgesetzt wird. Hinzugehen und selbst nachzusehen ist auch der einzige Weg, um zu prüfen, ob die Voraussetzungen, die einer Entscheidung zugrunde gelegt wurden, noch gültig oder schon veraltet sind.

> **Bauen Sie die Rückkopplung, das Feedback, immer auf der Gegenüberstellung mit der Wirklichkeit auf!**

Übung 8: Zielsetzung – was wollen Sie erreichen?

Überlegen Sie sich im Folgenden genau, welches Minimalziel Sie mit Ihrer Reaktion erreichen wollen:

1. Sie müssen tanken, haben jedoch nur eine 20-Euro-Note bei sich. Sie bitten den Tankwart, Ihnen für 20 Euro Benzin einzufüllen. Der Tankwart tankt voll und verlangt 50 Euro.

Überlegen Sie, was Sie mit Ihrer Reaktion erreichen wollen.

_____

_____

_____

2. Sie sitzen mit Freunden im Restaurant und haben ein Steak bestellt. Sie möchten es rosa. Als der Kellner es endlich bringt, ist es durchgebraten und zäh. Als Sie sich beschweren, meint der Kellner, nun könne er auch nichts mehr machen.
Überlegen Sie, was Sie mit Ihrer Reaktion erreichen wollen.

_____

_____

_____

Die sieben Gesprächstypen

Je nachdem, ob Sie Leistungsbereitschaft ansprechen oder Leistungen beurteilen wollen oder ob Sie das Verhalten des Mitarbeiters ansprechen, werden Sie unterschiedliche Gesprächstypen verwenden. Nach dem Ziel, das Sie erreichen wollen, stehen Ihnen sieben unterschiedliche Gesprächstypen zur Verfügung, die in den folgenden Kapiteln näher behandelt werden:

Gesprächstyp	Kapitel
1. Das Motivationsgespräch	6
2. Das Fördergespräch	7
3. Die Ich-Botschaft	8
4. Das Tadelsgespräch	9
5. Das Entlassungsgespräch	10
6. Das Gespräch zum heiklen Thema	11
7. Das Zielvereinbarungsgespräch	12

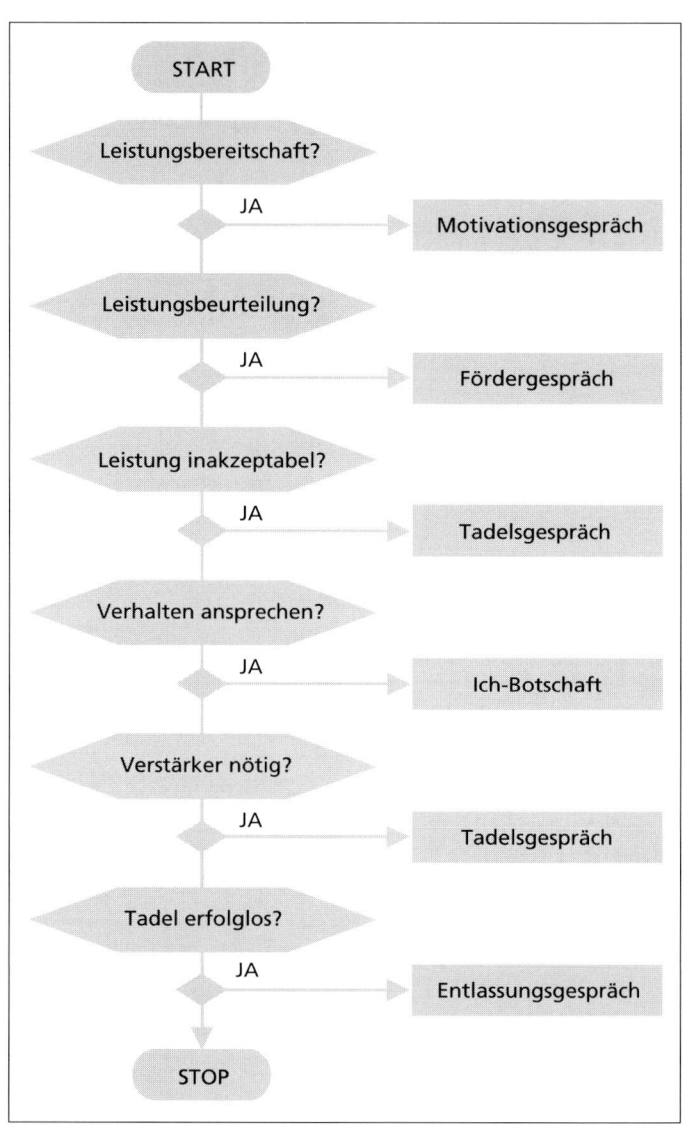

Das passende
Gespräch für jede
Führungssituation

Mit diesen sieben Gesprächstypen ist es möglich, nahezu jede Situation, der Sie als Führungskraft begegnen, anzusprechen und die Ziele zu erreichen, für die Sie sich entschieden haben.

Das *Zielvereinbarungsgespräch*, das heute im Zusammenhang mit „Führen mit Zielen" (*Management by Objectives*) verbreitet ist, ist so grundlegend und umfassend, dass wir es abschließend betrachten, da hier verschiedene Aspekte aus speziellen Gesprächen Eingang finden.

Das *Gespräch zum heiklen Thema* fällt etwas aus der Reihe. Wahre Führungspersönlichkeiten sprechen in diesem Gespräch sehr persönliche Dinge an, die wir unter dem Stichwort „Menschliches – allzu Menschliches" abhandeln.

Bei der Auswahl der anderen fünf Gesprächstypen können Sie das unten stehende Flussdiagramm auf seite 74verwenden.

Nachstehend sind die Ziele aufgeführt, die Sie mit den verschiedenen Gesprächstypen erreichen können:

Gesprächstyp	Ziel (zu erreichende Ergebnisse)
Motivations-gespräch	• Sie begeistern den Mitarbeiter für neue Aufgaben. • Sie vereinbaren mit dem Mitarbeiter neue Ziele.
Fördergespräch	• Sie beurteilen gemeinsam mit dem Mitarbeiter seine Leistung(en). • Sie bieten dem Mitarbeiter Ihre Unterstützung an. • Sie klären gemeinsam, ob der Mitarbeiter weitere Ressourcen benötigt.
Ich-Botschaft	• Sie teilen dem Mitarbeiter Ihre Freude mit (bei positivem Verhalten). • Sie kommunizieren Ihre Besorgnis (bei negativem Verhalten).

Tadelsgespräch	• Sie teilen dem Mitarbeiter mit, dass Sie seine mangelnden Leistungen nicht länger hinnehmen werden. • Sie teilen dem Mitarbeiter mit, dass Sie sein negatives Verhalten nicht länger dulden werden. • Sie drohen Konsequenzen an.
Entlassungs-gespräch	• Sie trennen sich von einem Mitarbeiter, dessen Verhalten (bzw. Leistung) die Zielerreichung gefährdet. • Sie trennen sich von einem Mitarbeiter, unter dessen Verhalten andere Mitarbeiter zu leiden haben.
Gespräch zum heiklen Thema	• Sie sprechen bei einem Mitarbeiter heikle Themen aus dem persönlichen Bereich an.
Zielverein-barungs-gespräche	• Sie vereinbaren mit dem Mitarbeiter Ziele für einen bestimmten Zeitraum und Meilensteine zur Überprüfung dieser Ziele.

Es wird Ihnen nicht entgangen sein, dass die hier definierten Führungsgespräche sich fast ausschließlich mit negativen Inhalten beschäftigen. Das verwundert nicht, haben wir doch weiter vorne schon festgehalten, dass Führen meist bedeutet, sich mit Negativem in der Organisation zu beschäftigen. Außerdem benötigen Gespräche mit positiven Inhalten in der Regel keine spezielle Vorbereitung. Sie werden „locker" gesendet und meist auch sehr positiv empfangen.

Übung 9: Brainstorming – Gesprächstypen

Überlegen Sie, bevor Sie sich mit der Detailplanung beschäftigen, welche der sieben Gesprächstypen Sie in nächster Zeit mit welchem Mitarbeiter führen wollen oder müssen:

Gesprächstyp	Mitarbeiter
Motivationsgespräch	
Fördergespräch	
Ich-Botschaft	
Tadelsgespräch	
Entlassungsgespräch	
Gespräch zum heiklen Thema	
Zielvereinbarungsgespräch	

Die Gesprächsplanung

Nachdem Sie nun entschlossen sind, eine zielorientierte Botschaft an den Mitarbeiter zu übermitteln, kommt der Art und Weise, wie Sie diese Botschaft anbringen, erfolgsentscheidende Bedeutung zu.

Es gibt nichts, was man dem Mitarbeiter nicht sagen könnte – wenn man nur weiß, wie man es tun muss.

Jeder der Gesprächstypen, die wir in den folgenden Kapiteln behandeln werden, muss zwingend einem vorgegebenen Raster folgen, um zum Erfolg zu führen.

Weil der Erfolg bei den Führungsgesprächen im Zentrum unserer Bemühungen steht, müssen wir den Gesprächsablauf schriftlich planen. Dies ist keine schwierige Aufgabe. Sie werden sehen, dass es im Prinzip nur darum geht, etwa die ersten drei Gesprächsminuten der Vorgabe entsprechend

Planen Sie Gespräche schriftlich!

77

klar strukturiert auszuformulieren. In dieser kurzen Zeit ist das gesagt, was wir zur Zielerreichung sagen wollen. Alles Weitere kann offen bleiben. Benutzen Sie zur Planung die Checklisten aus diesem Buch.

Der richtige Zeitpunkt

Einer der wichtigsten Grundsätze, denen erfolgreiche Führungskräfte stets zu folgen versuchen, heißt:

Negatives zuerst!

Schieben Sie Schwieriges nicht auf die lange Bank!

Solange eine unangenehme Tätigkeit nicht erledigt, ein schwieriges Gespräch nicht geführt worden ist, sind Sie nicht in der Lage, sich auf etwas anderes zu konzentrieren. Legen Sie deshalb einen konkreten Termin fest, bis zu dem Sie das geplante Gespräch geführt haben. Und tun Sie es dann auch! Schieben Sie die Sache nicht auf. Sie verderben sich nur den Tag. Außerdem gibt es *den* günstigen Zeitpunkt für ein unangenehmes Gespräch nicht. Und es gibt immer mindestens tausend Gründe, mit denen Sie sich einreden können, dass Sie das Gespräch heute nicht führen sollten. Deshalb: Führen Sie das Gespräch so rasch wie möglich. Bringen Sie es vor allem noch vor dem Wochenende hinter sich – es sei denn, Sie lieben es, sich selbst das Wochenende zu verderben.

Auf „Film" schalten

Je heikler das Thema, desto emotional schwieriger das Gespräch. Wer sagt schon gern einem Mitarbeiter, dass der Zeitpunkt der Trennung unwiderruflich feststeht? Wie wird es der Mitarbeiter aufnehmen? Wie nimmt es seine Familie auf? Ähnliche Gedanken schwirren in unserem Kopf herum, wenn es darum geht, die Konsequenzen einer Kündigung abzuschätzen. Wie bekommen Sie Ihre Emotionen im Vorfeld des Gesprächs und während des Gesprächs in den Griff? Da gibt es nur eines:

Sie schalten „auf Film", indem Sie die wenigen erfolgsentscheidenden Sätze auswendig lernen und vor Ihrem geistigen Auge so lange „ablaufen" lassen, bis sie sitzen. Diese Sätze, in der richtigen Reihenfolge gesprochen, bürgen für den Erfolg Ihres ganzen Bemühens.

Lernen Sie Ihr „Drehbuch" auswendig!

Konzentration auf das Ergebnis

Bei Führungsgesprächen muss der erste Versuch gelingen. Versuchen Sie sich deshalb im „Film" (siehe oben) stets auch das Resultat plastisch vor Augen zu führen. Konzentrieren Sie sich im Gespräch stets auf das Ziel, das Sie verfolgen, und auf das Ergebnis, das Sie erreichen werden.

Üben, üben, üben

Schließlich kann nicht genug betont werden: Üben Sie die Gespräche ein. Vor allem in der Anfangsphase, wenn Sie noch nicht aus eigener Erfahrung sagen können, dass „es funktioniert", lohnt es sich, ein Gespräch ernsthaft zu üben. Vielleicht ist Ihr Lebenspartner oder ein guter Freund bereit, den Gesprächspartner zu spielen.

Machen Sie sich vor jedem Gespräch klar:

Ihre Taktik bestimmt den Gesprächsausgang

- Welchen Sinn hat das Gespräch?
- Welche Gesprächsziele verfolgen Sie?
- In welchem Umfeld findet das Gespräch statt?
- Wie planen Sie den Gesprächsablauf?

Diese Punkte werden wir bei allen Gesprächstypen ansprechen. Eine Angst sei Ihnen schon hier genommen: Es ist ziemlich gleichgültig, wie Ihr Gesprächspartner im Gespräch reagieren wird. Wenn Sie die hier vorgestellte Gesprächstaktik konsequent und auf das zu erreichende Ziel hin fokussiert anwenden, kommen Sie stets ans Ziel und erreichen die Ergebnisse, die Sie sich vorstellen.

Bevor wir uns nun den einzelnen Gesprächstypen widmen, sollten Sie sich als Führungskraft allerdings Folgendes vor Augen halten:

Wenn Sie von der Richtigkeit einer Sache überzeugt sind: Ziehen Sie sie durch – ohne Wenn und Aber! Ihre Mitarbeiter müssen begreifen, dass Sie genau das meinen, was Sie sagen. Tun Sie das nicht, haben Sie als Führungskraft verspielt.

Übung 10: Vertrag mit sich selbst

Schließen Sie mit sich einen Vertrag ab, um sicherzustellen, dass Sie Führungsgespräche künftig strategisch angehen:

Vertrag mit mir selbst

Vor jedem Führungsgespräch werde ich ab sofort beachten:
1. Das Umfeld, in dem das Gespräch stattfinden wird
2. Meine Stimmungslage und meine Einstellung
3. Die Stimmungslage meines Gesprächspartners (Mitarbeiters)

Zur Entscheidungsfindung gehe ich nach folgenden Punkten vor:
1. Worum geht es – wirklich?
2. Was will ich erreichen?
3. Welche Optionen habe ich?
4. Welche Folgen entstehen?
5. Welche Entscheidung treffe ich?
6. Mit welchem Gesprächstyp setze ich die Entscheidung um?
7. Wie stelle ich sicher, dass das Ergebnis nachhaltig bleibt?

Für die „Nulloption" entscheide ich mich, wenn Leistung und/oder Verhalten des Mitarbeiters weder die Zielerreichung gefährden noch andere Mitarbeiter benachteiligen.
Den gefassten Entschluss werde ich konsequent umsetzen!

Datum: _____
Unterschrift: _____

Welche Schlüsse möchten Sie aus diesem Kapitel für sich selbst ziehen?

Checkliste zur Reflexion und Rekapitulation:

Entscheidungsfindung	
1. Worum geht es – wirklich?	
Situation	
Fakten?	
Vermutungen?	
2. Was soll erreicht werden?	
Zu erreichende Minimalanfor-derung	
Zu erreichendes Optimum	
3. Welche Optionen haben wir?	
Varianten / Möglichkeiten	1. 2. 3.
4. Welche Folgen entstehen?	
Folgen für jede Variante	1. 2. 3.
5. Entschluss	
6. Packen wir's an!	
.... spricht mit .... bis .... wie	
7. Geh hin und schau nach!	
Follow-up am:	

6 Das Motivationsgespräch

Begeisterung ist das Öl im Getriebe

„Die Fähigkeit eines Chefs erkennt man an seiner Fähigkeit, die Fähigkeiten seiner Mitarbeiter zu erkennen."

(Robert Lembke)

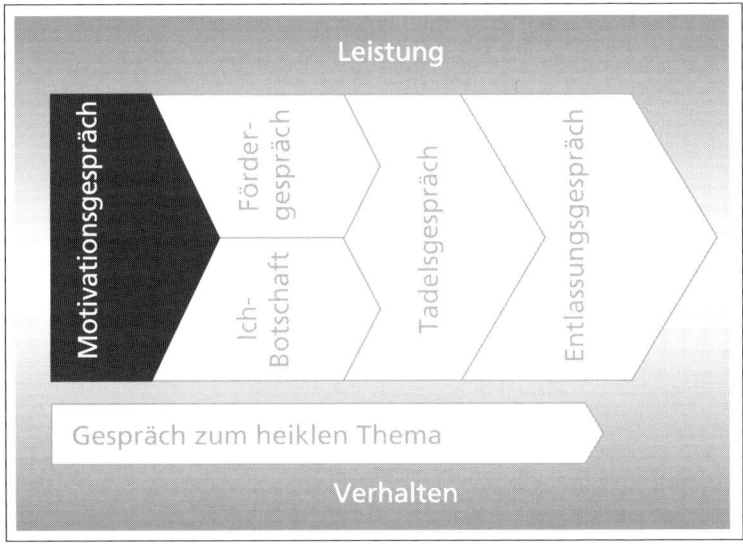

Abbildung 6.1.: Führen durch Gespräche: das Motivationsgespräch

Sinn

Durch Motivationsgespräche helfen Sie dem Mitarbeiter, über sich hinauszuwachsen. Sie zeigen ihm Ihre Wertschätzung und Ihr Interesse an seiner Aufgabe.

Gesprächsziele

- Im Motivationsgespräch begeistern Sie den Mitarbeiter für neue Aufgaben.
- Im Motivationsgespräch vereinbaren Sie mit dem Mitarbeiter neue Ziele.

Umfeld

Der Leistungsdruck auf die Mitarbeiter nimmt ständig zu. Im Rahmen von Restrukturierungs- und Rationalisierungsmaßnahmen unter dem Modewort *Lean Management* werden Arbeitsplätze abgebaut. Wer das Glück hat, beschäftigt zu bleiben, sieht sich mit Mehrarbeit konfrontiert. Man erwartet von ihm oft vollständiges Umdenken und die Übernahme zusätzlicher Verantwortung. Und nun kommt noch der Vorgesetzte, um den Mitarbeiter für „neue Aufgaben zu begeistern".

Weil eine „neue Aufgabe" für den Mitarbeiter oft eine „zusätzliche Aufgabe" bedeutet, hält sich seine Begeisterung in engen Grenzen. Wie gehen Sie mit dieser Problematik um? Es muss für alle Beteiligten einvernehmlich klar sein, welche Kernaufgaben der einzelne Mitarbeiter zu erledigen hat. Nur so ist es ihm möglich, sich im konkreten Fall auf das Wesentliche zu konzentrieren. Denn:

Mitarbeiter stehen unter Druck

Wer nicht weiß, wofür er bezahlt wird, kann nicht gezielt arbeiten.

In meinen Führungsseminaren stelle ich den Teilnehmern im Rahmen einer kleinen Übung die Frage, wofür sie in ihrem Unternehmen bezahlt werden. Die wenigsten sind in der Lage, diese Frage aus dem Stegreif zu beantworten.

Nachdem wir eine ergebnisorientierte Antwort festgelegt haben,

Beispiel: Wofür werden Sie bezahlt?

83

müssen die Teilnehmer ihren Chef um eine Stellungnahme bitten und mit ihm verbindlich vereinbaren, wofür sie bezahlt werden.

Grundlegende Arbeitsbeschreibungen sind die Basis für jede neue Aufgabe. Führungskräfte lieben es natürlich nicht, wenn ein Mitarbeiter fragt, welche der Aufgaben, für die er bezahlt wird, er vernachlässigen soll, um eine neue Aufgabe zu übernehmen. Dennoch: Ein Mitarbeiter muss darauf hinweisen dürfen, dass die Übernahme einer zusätzlichen Aufgabe die Erledigung der Aufgaben, für die er bezahlt wird, gefährdet.

Es geht nicht darum, dass sich Mitarbeiter hinter ihrer Aufgabenbeschreibung (Stellenbeschreibung) verstecken sollen, wenn der Chef mit einer neuen Aufgabe „droht". In jede Stellenbeschreibung gehört aus diesem Grund der Satz:

„Der Mitarbeiter ist bereit, über die hier beschriebenen Aufgaben hinaus in Absprache mit der vorgesetzten Stelle weitere Tätigkeiten zum Wohl des Unternehmens auszuführen."

Ein sinnvoller Arbeitsablauf ist nur in Kommunikation mit dem Mitarbeiter möglich. Halten wir hier deutlich fest:

Es ist ein Zeichen menschenverachtender Führung, wenn Mitarbeiter nur als Kostenfaktor und nicht als Wertschöpfer betrachtet und behandelt werden.

Übung 11: Wofür werden Sie bezahlt?

Beschreiben Sie Ihre Aufgaben möglichst ergebnisorientiert:

_____

_____

_____

_____

Gesprächsablauf

Es ist sinnvoll, jedes wichtige Führungsgespräch nach einem festen Schema zu gestalten, um das Gesprächsziel zu erreichen. Selbstverständlich werden Sie in Ihren Formulierungen dabei konziliant sein. Folgende sieben Gesprächsphasen haben sich in der Praxis bewährt. Sie werden sie ähnlich in allen anschließenden Kapiteln finden. Hier der Ablauf eines Motivationsgesprächs:

Phase	Thema
1	**Kurzer, positiver Gesprächseinstieg** *„Schön, dass Sie kommen konnten."*
2	**Reizvolles Ziel darstellen** *„Wir haben den Auftrag erhalten, ... zu tun."*
3	**Mitarbeiter gewinnen** *„Machen Sie mit?" oder „Das sehen Sie doch auch so?"*
4	**„Ja"-Reaktion abwarten** *(Der Mitarbeiter bestätigt seine Bereitschaft, mitzuwirken.)*
5	**Volle Anerkennung zollen** *„Ich wusste, dass Sie dabei sind!" oder „Ich habe von Ihnen auch gar nichts anderes erwartet."*
6	**Weg (gemäß Vorgaben) beschreiben** *„Wie könnte die Lösung aussehen?"*
7	**Nächste Schritte vereinbaren** *„Also halten wir Folgendes fest: ..."*

Die sieben Gesprächsphasen

Phase 1: Kurzer, positiver Gesprächseinstieg
Jedes Führungsgespräch sollte mit einem kurzen, positiven Einstieg beginnen. Damit wird eine vertrauensvolle, offene, von Wertschätzung geprägte Gesprächsatmosphäre geschaffen.

Die Gesprächsphasen im Einzelnen

Halten Sie diesen Einstieg bewusst kurz. Der Mitarbeiter soll nicht den Eindruck bekommen, dass Sie „um den Brei herum reden" oder unechte Loblieder singen.

Phase 2: Reizvolles Ziel darstellen

Der Mitarbeiter soll sich für das Ziel „erwärmen". Nur wenn er davon überzeugt ist, dass das Ziel erstrebenswert ist, wird er sich auch dafür einsetzen. Wir verlangen oft von unseren Mitarbeitern, dass sie Anordnungen mittragen, selbst wenn sie nicht davon überzeugt sind. Dabei vergessen wir, dass es uns praktisch unmöglich ist, die persönliche Einstellung einer Sache gegenüber zu verheimlichen, weil wir ja auch nonverbal kommunizieren.

Phase 3: Mitarbeiter gewinnen

In der Regel richtet sich die Überzeugungsarbeit des Vorgesetzten – und darum geht es hier – auf drei unterschiedliche Ebenen:

Überzeugungsarbeit leisten

1. **Motive**

   Die Menschen wollen gefragt werden, wenn Dinge entschieden werden, die sie selbst betreffen.

   Der Mitarbeiter will wissen, welchen Nutzen ihm sein Einsatz bringt. Sieht er einen hohen Nutzen in der neuen Aufgabe, ist er bereit, sich dafür einzusetzen und sich anzustrengen. Sieht er eher Risiken, nimmt sein Engagement stark ab.

   Auch muss – sowohl durch das Gespräch wie durch die neue Aufgabe – das Selbstwertgefühl des Mitarbeiters intakt bleiben. Er will in jedem Fall sein Gesicht wahren können. Dies gilt besonders dann, wenn der Weg zum Ziel bereits festgelegt und vorgegeben ist.

2. **Werte**

   Persönliche Überzeugungen und Werthaltungen entscheiden darüber, ob wir bereit sind, eine Aufgabe zu übernehmen. Kein Mensch ist langfristig in der Lage, sein Leben gegen seine Überzeugungen und Wertvorstellungen zu leben. Dies gilt für den Mitarbeiter, der aus Angst vor dem Verlust des Arbeitsplatzes alles mit sich geschehen lässt, ebenso wie für den Vorgesetzten, der Dinge anordnet, die er innerlich ablehnt.

3. **Einsicht**

Es geht darum, die Einsicht und das Verständnis des Mitarbeiters für den Sinn der neuen Aufgabe zu fördern. Einsicht ist besonders dann notwendig, wenn Unangenehmes verlangt wird.

Der Mitarbeiter entscheidet in der Reihenfolge seiner Motive, seiner Wertvorstellungen und seiner Einsicht, ob er seinen Beitrag an der Zielerreichung überzeugt leisten wird:

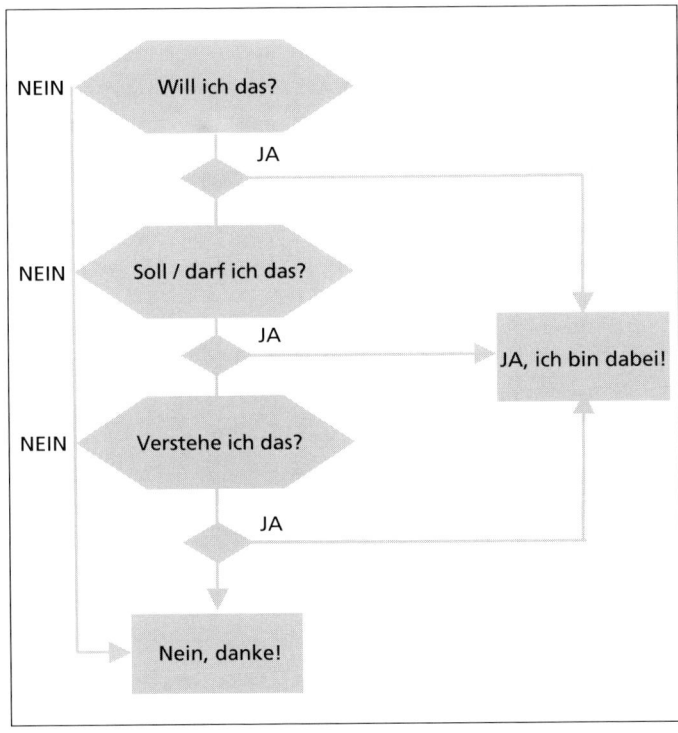

Abbildung 6.2: Appell an Motive, Werte und Einsicht des Mitarbeiters

87

Phase 4: „Ja-Reaktion" abwarten

Mit seinem „Ja" zeigt der Mitarbeiter dem Vorgesetzten, dass er bereit ist, die neue Aufgabe zu übernehmen oder daran mitzuwirken. Erst wenn dieses „Ja" kommt, ist die Überzeugungsarbeit in Phase 3 erfolgreich abgeschlossen.

Phase 5: Volle Anerkennung zollen

Ehrliche Anerkennung und ein Wort des Dankes sollten als Zeichen der Wertschätzung selbstverständlich sein, werden aber leider oft vergessen.

Phase 6: Weg (gemäß Vorgaben) beschreiben

„Was schlagen Sie vor?" – Dieses in Führungskursen oft verwendete Rezept zielt zu kurz. Es ist nur unter der Voraussetzung verwendbar, dass der Weg zur Zielerreichung offen ist. Oft aber favorisieren wir bereits einen Weg oder dieser Weg ist sogar schon von der Geschäftsleitung festgelegt.

Den Mitarbeiter beteiligen oder überzeugen

Wenn Sie an den Weg zum Ziel denken, müssen Sie zwischen drei Varianten unterscheiden:

1. **Der Weg zum Ziel ist *offen – Beteiligen***
   Dann – und nur dann! –, wenn der Weg zum Ziel offen ist, können und sollen Sie den Mitarbeiter innerhalb der vorgegebenen Grenzen tun lassen, was er vorschlägt, was er will.

> **Ist der Weg zum Ziel offen, bitten Sie den Mitarbeiter um Vorschläge, wie er das Ziel erreichen möchte.**

2. **Ein Weg zum Ziel wird *favorisiert – Überzeugen***
   Es gibt Situationen, wo die Unternehmensleitung einen Lösungsweg favorisiert, weil er aus betrieblicher Sicht Vorteile bietet. Besonders schwierig wird es, wenn solche Vorteile dem Mitarbeiter persönlich Nachteile bringen. Dann

88

ist es Ihre Aufgabe als Führungskraft, den Mitarbeiter im Hinblick auf den Weg zu überzeugen.

Beispiel: Auslandsaufenthalt

In einem weltweit tätigen Unternehmen will man im Rahmen der Karriereplanung einem jungen Mitarbeiter in einer Tochtergesellschaft einen Auslandsaufenthalt von zwei Jahren ermöglichen. Der Vorgesetzte weiß, dass der Mitarbeiter starke Bindungen an die Heimat hat. Auch hat er schulpflichtige Kinder und ist in örtlichen Vereinen engagiert.
Ein guter Vorgesetzter wird mit dem Mitarbeiter (und am besten auch mit dessen Lebenspartner) Vor- und Nachteile eines Auslandaufenthaltes durchgehen und ihn vom Sinn der angestrebten Maßnahme zu überzeugen suchen. Mit dem Satz „Was schlagen Sie vor?" kommt man hier nicht weiter.

3. Der Weg zum Ziel ist *festgelegt – Begründen*

Ist eine Entscheidung über die Umsetzung der Zielvorgabe bereits gefällt, gibt es keinen Grund für Diskussionen. Der Vorgesetzte wird zum Überbringer von (unangenehmen) Nachrichten. Hier müssen Sie die getroffene Entscheidung begründen. Ist die Begründung für den Mitarbeiter nachvollziehbar, lässt er sich auch überzeugen. Oft haben Sie darüber hinaus auch die Möglichkeit, Ihre Hilfe und Unterstützung anzubieten.

Machen Sie sich vor jedem Motivationsgespräch klar, ob der Weg zum Ziel *offen, favorisiert* oder *festgelegt* ist.

Phase 7: Nächste Schritte vereinbaren

Jedes Motivationsgespräch endet damit, dass die nächsten Schritte konkret vereinbart werden. Idealerweise vereinbaren Sie hier auch, wann der Mitarbeiter Sie erstmals über den Fortgang der Dinge informiert, wann Sie ein Folgegespräch führen werden. Damit wird ein Automatismus in Gang gesetzt, der das Führen außerordentlich erleichtert.

Motivationsgespräche dienen immer der Zielvereinbarung. Dadurch, dass Sie in Phase 7 konsequent Folgegespräche (siehe Kapitel 7: „Das Fördergespräch") vereinbaren, stellen Sie eine permanente Fortschrittskontrolle sicher.

Übung 12: Alle Jahre wieder ...

Die Zeit der Sommerferien naht. Während der ersten drei Ferienwochen zeichnet sich ein personeller Engpass ab. Drei der betroffenen Mitarbeiter haben schulpflichtige Kinder, sie müssen ihren Jahresurlaub in der Zeit der Schulferien nehmen. Zwei der drei Mitarbeiter ohne schulpflichtige Kinder, die ebenfalls in der Schulferienzeit in den Urlaub fahren möchten, sollen dazu gebracht werden, ihre Ferien zu verschieben.

Bereiten Sie ein Motivationsgespräch vor, mit dem Sie die Mitarbeiter ohne schulpflichtige Kinder zu einer Urlaubsverschiebung motivieren möchten.

Benutzen Sie dazu die Checkliste am Kapitelende.

Welche Schlüsse möchten Sie für sich selbst aus diesem Kapitel ziehen?

Checkliste zur Reflexion und Rekapitulation:

Wie gehen Sie beim nächsten Motivationsgespräch vor?		
Phase	Thema	Konkrete Formulierung
1	Kurzer, positiver Gesprächseinstieg	
2	Reizvolles Ziel darstellen	
3	Mitarbeiter gewinnen	
4	„Ja"-Reaktion abwarten	
5	Volle Anerkennung zollen	
6	Weg beschreiben ❑ offen ❑ favorisiert ❑ festgelegt	
7	Nächste Schritte vereinbaren	

7 Das Fördergespräch
Unser täglich Brot ...

„Die wirkliche Herausforderung besteht darin, die Mitarbeiter dazu zu bringen, ständig neue Chancen aufzugreifen, wo es doch so viel bequemer ist, die bestehenden Geschäfte, die scheinbar sicherer und weniger konfliktbeladen sind, fortzuführen."

(Heinrich Flik)

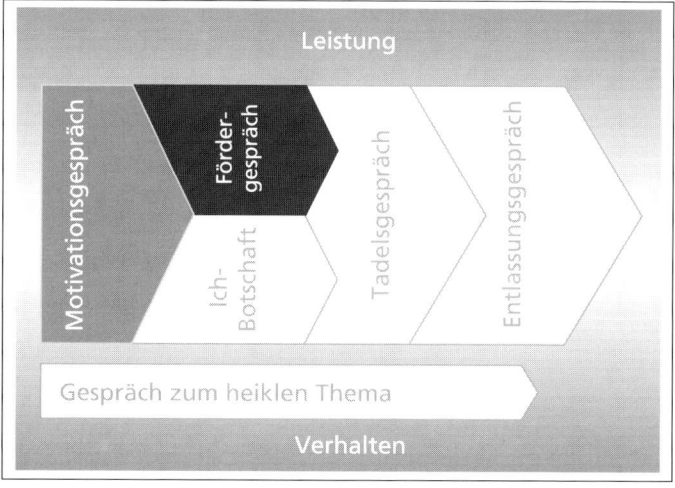

Abbildung 7.1: Führen durch Gespräche: das Fördergespräch

Sinn

Mit Fördergesprächen begleiten wir den Mitarbeiter auf seinem Weg zum Ziel. Außerdem bieten wir ihm unsere Unterstützung an und halten ihm gegebenenfalls den Rücken frei.

Gesprächsziele

- Im Fördergespräch beurteilen Sie gemeinsam mit dem Mitarbeiter seine Leistung(en).
- Im Fördergespräch bieten Sie dem Mitarbeiter Ihre Unterstützung an.
- Im Fördergespräch klären Sie gemeinsam, ob der Mitarbeiter weitere Ressourcen benötigt.

Umfeld

Klare Zielvereinbarungen, wie wir sie im Motivationsgespräch (siehe Kapitel 6) festgelegt haben, erleichtern uns die Führungsarbeit. Fördergespräche „unterwegs" bieten die ideale Kontrolle über den Fortgang. Viele Menschen, auch Führungskräfte, haben Mühe, andere zu kontrollieren. Obwohl unbeliebt, ist Kontrolle ein wirksames Mittel der Führung.

... Kontrolle ist besser

Heute verkünden Führungskräfte oft voller Stolz: *„Bei uns darf jeder Fehler machen!"* Das ist natürlich völliger Unsinn. Im Gegenteil: Man soll Fehler vermeiden. Fehler geschehen allerdings immer wieder, wo gearbeitet wird. Der richtige Ansatz heißt: *„Bei uns wird man für einen Fehler, der erstmals auftritt, nicht bestraft."* Das zweite Mal verhält sich die Sache dann bei guten Vorgesetzten bereits anders ...

Kontrollieren ist eine Kernaufgabe des Vorgesetzten. Das Fördergespräch bietet der Führungskraft die ideale Möglichkeit, ihre Kontrollaufgabe wahrzunehmen.

Erfolgreiche Führungskräfte kontrollieren gemäß den nachstehenden Grundsätzen:

	Grundsatz	Bemerkungen
Die sechs Grundsätze erfolgreicher Kontrolle	**1. Resultat und nicht Verhalten kontrollieren**	Je erfahrener und delegationsgewohnter Ihre Mitarbeiter sind, desto eher können Sie sich auf die Kontrolle der Zielerreichung konzentrieren. Anfänger und weniger zuverlässige Mitarbeiter brauchen situativ mehr Kontrolle und Unterstützung.
	2. So viel Fremdkontrolle wie nötig, so viel Selbstkontrolle wie möglich	Voraussetzungen: • Klare Delegation und Auftragserteilung • Klare Zielformulierung Vorteile: • Mehr Initiative durch die Mitarbeiter • Zeiteinsparung für die Führungskraft
	3. Stichproben statt Voll-Kontrollen	Bei zuverlässigen Mitarbeitern genügt die Kontrolle durch Stichproben.
	4. Kontrollen vorher vereinbaren, als „Bringschuld" definieren	Der Mitarbeiter soll wissen, dass, wann und was Sie kontrollieren möchten. Die Kontrolle wird so mehr zum sachorientierten Gespräch. Sie verliert den unangenehmen Überwachungscharakter.
	5. Zwischenkontrollen vereinbaren	Bei vielen Aufgaben können/müssen Zwischenentscheidungen („Meilenstein-Entscheidungen") gefällt werden. Durch Kontrollen vor einer solchen Entscheidung vermindern Sie Fehler, unnötige Arbeiten und eventuelle Fehlinvestitionen.
	6. Management by Exception	Lassen Sie sich von Ihren Mitarbeitern starke Abweichungen und Unerwartetes melden. Sie vermeiden so verspätete Reaktionen.

Ein ausgezeichnetes Mittel, sich in die Probleme der Mitarbeiter einzufühlen, besteht darin, von Zeit zu Zeit aktiv im Tätigkeitsfeld der Mitarbeiter mitzuarbeiten.

Die Manager von Walt-Disney-Productions verlassen einmal im Jahr ihre Schreibtische und stürzen sich ins Geschehen. Eine ganze Woche lang verkauft der Chef Eintrittskarten oder Popcorn, serviert Hot Dogs oder Eis, spielt Parkwächter oder steuert Kleinbahnzüge. Wetten, dass er auf diese Weise ein ganz anderes Verständnis für die Probleme seiner Mitarbeiter gewinnt? Auch wird er in dieser Tätigkeit seine Kontrollfunktion in einer Art wahrnehmen können, die ihm von seinem Schreibtisch aus nie möglich wäre.

**Beispiel:
Als Vorgesetzter an der Front arbeiten**

Gesprächsablauf

Im Folgenden finden Sie Erläuterungen zu den einzelnen Gesprächsphasen. Diese Phasen ähneln denen, die Sie schon aus dem Motivationsgespräch kennen. Es sind in diesem Fall jedoch nur sechs Phasen.

Phase	Thema
1	**Kurzer, positiver Gesprächseinstieg** *„Ich freue mich, Sie zu sehen."*
2	**Rückblick – Positives, Stärken** *„Was hat Ihnen an dieser Aufgabe bisher am meisten Spaß gemacht?" – „Wo sehen Sie Ihre Stärken?"*
3	**Rückblick – Negatives, Schwächen** *„Was hat Ihnen nicht so viel Freude gemacht?" – „Was ist Ihnen nicht so gut gelungen?"*
4	**Ausblick – nächste Schritte** *„Wie können Sie das verändern, ... besser machen?" – „Was nehmen Sie sich als Nächstes vor?"*
5	**Unterstützung anbieten** *„Wo erwarten Sie von mir Unterstützung?"*

6	**Nächstes Gespräch vereinbaren** *„Dann freue ich mich mit Ihnen, wenn das so gelingt. Wir treffen uns zu einer nächsten Besprechung am ..."*

Die Gesprächsphasen im Einzelnen

Phase 1: Kurzer, positiver Gesprächseinstieg

Auch das Fördergespräch beginnt mit einem kurzen, positiven Einstieg zum Zeichen der Wertschätzung und des Vertrauens.

Phase 2: Rückblick – Positives, Stärken

Sie bitten den Mitarbeiter, Ihnen mitzuteilen, was er im Rahmen seiner Aufgabe an Positivem erlebt hat. Auch soll er Ihnen über die Dinge berichten, die ihm besonders gut gelungen sind.

Phase 3: Rückblick – Negatives, Schwächen

Nun soll der Mitarbeiter über Schwierigkeiten und Probleme berichten, die aufgetaucht sind und zu bewältigen waren.

Phase 4: Ausblick – nächste Schritte

In dieser Phase lassen Sie sich vom Mitarbeiter informieren, welche Maßnahmen er auf dem Weg zur Erreichung des vereinbarten Ziels als Nächstes ergreifen wird.

Unterstützen heißt Kompetenzen geben, nicht helfen

Phase 5: Unterstützung anbieten

In jedem Fördergespräch stellen Sie die Frage, ob der Mitarbeiter Ihre Unterstützung braucht. Unterstützung ist allerdings nicht mit „helfen" zu verwechseln. Sie fördern denkfähige und leistungsstarke Mitarbeiter dadurch, dass Sie sie fordern. Sie unterstützen sie, indem Sie ihnen die nötigen Ressourcen verfügbar machen. Sie unterstützen sie, indem Sie ihnen zur Verantwortung, die Sie ihnen delegiert haben, die nötigen Kompetenzen geben.

Wichtig: Folgegespräche vereinbaren

Phase 6: Nächstes Gespräch vereinbaren

Schließlich vereinbaren Sie das nächste Fördergespräch. Im Sinne eines „Management by Exception" können Sie hier

96

festlegen, unter welchen Voraussetzungen Sie der Mitarbeiter unverzüglich und außerplanmäßig informieren muss.
Jedes Fördergespräch stellt einen Meilenstein auf dem Weg zur Zielerreichung dar.

Beim Fördergespräch spricht vor allem der Mitarbeiter. Für Sie ist wichtig, dass Sie den Gesprächsraster kennen.

Übung 13: Fördergespräche
Üben Sie drei Wochen lang täglich Fördergespräche. Nutzen Sie dazu unten stehende Checkliste.

Welche Schlüsse möchten Sie aus diesem Kapitel für sich selbst ziehen?

Checkliste zur Reflexion und Rekapitulation:

Wie gehen Sie beim nächsten Fördergespräch vor?		
Phase	Thema	Konkrete Formulierung
1	Kurzer, positiver Gesprächseinstieg	
2	Rückblick – Positives – Stärken	
3	Rückblick – Negatives – Schwächen	
4	Ausblick – Ihre nächsten Schritte	
5	Unterstützung anbieten	
6	Nächstes Gespräch vereinbaren	

Übungsplan Fördergespräche

Wann	Mit wem	Folgegespräch

8 Die Ich-Botschaft
So verhindern Sie Konfrontation

„Gefühle sind Sprungbretter im Hindernislauf des Denkens."

(Hans Lohberger)

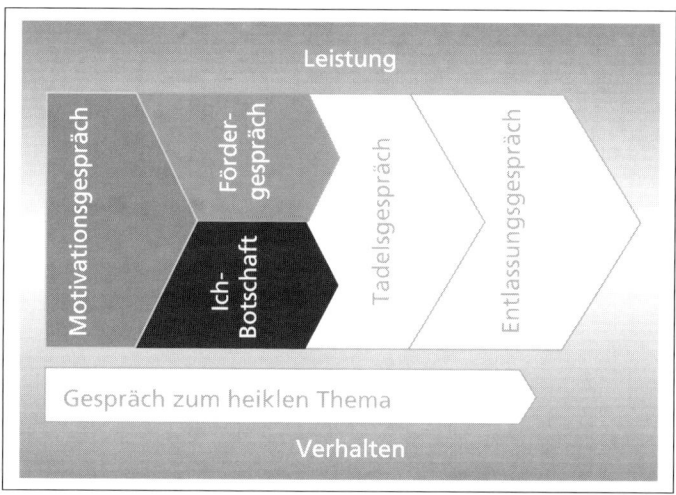

Abbildung 8.1: Führen durch Gespräche: die Ich-Botschaft

Sinn

Die Ich-Botschaft ist die beste Methode, um Probleme anzusprechen. Sie ist leicht lernbar und gehört ins Repertoire jeder Führungskraft.

Gesprächsziele

- Mit der Ich-Botschaft teilen Sie dem Mitarbeiter Ihre Freude über sein positives Verhalten mit.
- Mit der Ich-Botschaft kommunizieren Sie dem Mitarbeiter Ihre Besorgnis über sein negatives Verhalten.
- Mit der Ich-Botschaft bewegen Sie den Mitarbeiter zu einer Verhaltensänderung.

Umfeld

Oft ist die Führungskraft gefordert, bei Konflikten unter Mitarbeitern zu vermitteln oder anderweitige Störungen im Arbeitsablauf anzusprechen. Sie haben als Vorgesetzter verschiedene Möglichkeiten, einem Mitarbeiter Ihre Sicht der Dinge nahe zu bringen. Sehen wir uns dazu einen typischen Konflikt unter Kollegen an:

Beispiel: Rauchen am Arbeitsplatz

In einem kleinen Dreierbüro raucht ein Sachbearbeiter ununterbrochen. Überlegen Sie sich, wie die folgenden Botschaften des Chefs auf Sie wirken:

- *„Man sollte das Rauchen verbieten."*
- *„Können Sie keine Rücksicht auf Ihre Kollegen im Büro nehmen? Warum müssen Sie pausenlos rauchen?"*
- *„Wir sollten einmal überlegen, wie wir das Raucherproblem im Büro lösen können."*
- *„Ich kann in diesem Qualm nicht arbeiten. Würden Sie bitte im Flur rauchen?"*

Eigenschaften verschiedener Botschaften

Haben Sie bemerkt, wer hier jeweils zu wem spricht – und wie? Wie empfinden Sie eine Man-Aussage oder eine Sie-Botschaft? Wie dagegen eine Ich-Aussage? Es gibt grundsätzlich vier Möglichkeiten, jemandem eine Botschaft zu vermitteln:

Botschaft	Bemerkungen
Man-Botschaften	• sind anonym • sind Ausflüchte • sind Kommunikationskiller • sind Sprechmarotten • sind ungeeignet zum Debat-tieren
Wir-Botschaften	• betonen Gemeinsamkeiten • sind oft Fluchtmanöver aus Ich-Botschaften • sind kompliziert • sind auf Echtheit zu prüfen • können sprachverwirrend sein
Du-/Sie-Botschaften	• sind massiv fordernd • sind aggressionsfördernd • sind bedrängend • provozieren Verteidigung und Widerstand • greifen die Selbstachtung des Empfängers an • können verletzend wirken
Ich-Botschaften	• verhindern die Konfrontation • sind klar und verständlich • nennen die eigenen Gefühle • greifen nicht an • sind einleuchtend • sind sanft konfrontierend

Man- und Wir-Botschaften sind derart unverbindlich, dass wir uns mit ihnen hier nicht näher auseinander setzen wollen. Du- oder Sie-Botschaften provozieren den anderen und rufen Widerstand hervor. Ich-Botschaften dagegen stellen das eigene Denken und Empfinden in den Vordergrund und wirken so ehrlich und überzeugend. Hier einige Beispiele (nach Ekkehard Crisand: *Psychologie der Gesprächsführung, 2000*):

Situation	Sie-Botschaft	Ich-Botschaft
1. Zwei Mitarbeiter geraten wegen ihrer Urlaubsplanung in eine heftige Auseinandersetzung.	„Beenden Sie diese Diskussion. Im August geht keiner in die Ferien. Da brauche ich hier jeden Mitarbeiter."	„Ich denke, eine Einigung sollte auch ohne Streit möglich sein. Was für Möglichkeiten sehen Sie?"
2. Der Elektriker vergisst, bei Reparaturarbeiten den Stromkreis vorher abzuschalten.	„Wollten Sie unseren Lehrling umbringen? Wie können Sie nur so nachlässig sein?"	„Mein Gott, bin ich erschrocken, als ich es bemerkt habe. Was tun Sie, damit das nicht wieder vorkommt?"
3. Der Lehrling spielt im Unterricht den Clown.	„Spielen Sie hier nicht den Pausenclown!"	„Ich fühle mich von Ihnen auf den Arm genommen. Wie erklären Sie Ihr Verhalten?"
4. Der Chef ärgert sich über den Mitarbeiter, der das Werkzeug nicht wegräumt.	„Sie begreifen wohl nie, was Ordnung heißt?!"	„Es ärgert mich, dass Sie so oft Ihr Werkzeug liegen lassen. Was möchten Sie dagegen tun?"

5. Der Chef hat vernommen, dass sich der neue Mitarbeiter bei Kunden negativ über die Firma geäußert hat.	„Kommen Sie sofort in mein Büro. Sie können bei den Kunden nicht den guten Ruf unserer Firma verderben."	„Ich habe gehört, dass Sie im Kundengespräch unsere Firma kritisiert haben. Das belastet mich."

Besonders Männer haben oft Schwierigkeiten damit, ihre Gefühle zu offenbaren. Es galt lange Zeit als unmännlich, Gefühle zu zeigen, geschweige denn zu kommunizieren. Dabei gilt:

Wichtig:
Gefühle ansprechen

Das wahre Leben spielt sich auf der Ebene der Gefühle (*Beziehungsebene*) und nicht auf der Ebene des Verstandes (*Sachebene*) ab (siehe Seite 47).

Gerade Akademikern fällt es vielfach schwer, diese Tatsache zu akzeptieren.

Es gibt kaum eine Universität oder ein Krankenhaus, in der nicht verbürgte Geschichten von „Grabenkämpfen" zwischen Professoren die Runde machen. Für Studenten und Mitarbeiter ist es oft gleichermaßen belustigend wie ärgerlich, mit ansehen zu müssen, wie zwei Professoren, die sich vielleicht sogar noch die Institutsleitung teilen, einander nur das Allernötigste kommunizieren. Von der Intelligenz her müssten die zwei doch bemerken, wie lächerlich sie sich machen. Aber eben – der Bauch regiert den Kopf allemal ...

Es ist sicher ein gesunder Trend in unserer Gesellschaft, dass wir die Jungen heute darin bestärken, ihre Gefühle zu offenbaren. Auch die älteren Jahrgänge des „starken" Geschlechts sollten dies noch lernen. Ihre Gefühle können und dürfen Sie nur in der ersten Person – als Ich-Aussage – ansprechen. Andernfalls verschleiern Sie Ihre wahren Empfindungen, und das schadet der Kommunikation mit anderen.

Hier finden Sie zur Anregung eine Liste mit Möglichkeiten der Gefühlsäußerung:

Gefühle formulieren			
Ich bin ...	• fröhlich • zufrieden • glücklich • froh • heiter • begeistert • guter Laune • zuversichtlich • ausgeglichen • hoffnungsvoll • mutig • stolz • dankbar • ruhig	Ich bin ...	• traurig • betrübt • bedrückt • entsetzt • außer mir • enttäuscht • verärgert • angespannt • schockiert • unsicher • ängstlich • wie gelähmt • ungeduldig • aufgebracht
Ich fühle mich ...	• einsam • im Stich gelassen • unverstanden • unfair behandelt • übergangen • betrogen • übervorteilt • verletzt • ausgelacht	Ich habe ...	• ein gutes Gefühl • ein ungutes Gefühl • ein schlechtes Gefühl • Hemmungen • Zweifel • Bedenken • Angst • Vorbehalte

		Das …	
	• eingeengt • zurückgewiesen • zurückgesetzt • unter Druck • nicht gut		• freut mich • belastet mich • quält mich • beschäftigt mich • macht mich glücklich • lässt mich nicht los

Wenn wir uns über das Verhalten unseres Gegenübers freuen, fallen Ich-Botschaften leicht. Dennoch versäumen viele Vorgesetzte, positives Verhalten auch entsprechend freudig anzusprechen. Tun Sie es! Ihre Mitarbeiter werden Sie begeistert unterstützen.

Ich-Botschaften als Ausdruck von Freude

Eine Mitarbeiterin hat in einem Gespräch viele Fragen an Sie gerichtet und Ihnen einige Hinweise gegeben. Dadurch sind Ihnen Zusammenhänge klarer geworden und Sie konnten Fehler vermeiden. Sie empfinden natürlich Freude. Sagen Sie beim nächsten Zusammentreffen: „Liebe Frau Müller, unser letztes Gespräch hat mir sehr geholfen. Mir ist vieles klar geworden durch Ihre konstruktiven Fragen. Dadurch konnte ich Fehler vermeiden. Ich bin Ihnen sehr dankbar und freue mich, mit Ihnen zusammenzuarbeiten."

Beispiel: Positive Ich-Botschaft

Wie schon häufig erwähnt, müssen wir als Führungskraft sehr oft negative Dinge ansprechen. Ich-Botschaften sind von zentraler Bedeutung, wenn uns das Verhalten oder auch die Leistung eines Mitarbeiters nicht gefällt. Wenn wir sie verwenden, appellieren wir an den Mitarbeiter, sein Verhalten zu ändern, ohne ihn als Übeltäter in eine Ecke zu stellen. Hierbei müssen wir genau auf unsere Worte achten.

Ich-Botschaften als Aufruf zur Verhaltensänderung

Gesprächsablauf

Eine Ich-Botschaft, die beim Mitarbeiter eine Verhaltensänderung bewirken soll, hat zwingend folgende fünf Phasen:

Phase	Thema
1	**Kurzer, positiver Gesprächseinstieg** *„Es ist schön, Sie zu sehen."*
2	**Situation wertfrei darstellen** *„Sie haben meinen Auftrag nicht ausgeführt."*
3	**Ich-Botschaft 1** *„Das bedeutet für mich ..."*
4	**Ich-Botschaft 2** *„Mein Gefühl dabei ..."*
5	**Ball abgeben** *„Was tun Sie jetzt?"*

Die Gesprächsphasen im Einzelnen

Phase 1: Kurzer, positiver Gesprächseinstieg
Wie immer eröffnen Sie das Gespräch damit, dass Sie eine gute Atmosphäre schaffen und dem Mitarbeiter Ihre Wertschätzung bezeugen.

Phase 2: Situation wertfrei darstellen
Sie sprechen die Situation, die Ihnen Probleme bereitet, an, ohne zu werten.

Phase 3: Ich-Botschaft 1
Nun zeigen Sie dem Mitarbeiter im Rahmen einer Ich-Botschaft, dass Sie sich durch sein Verhalten schlecht fühlen. Sie haben ein Problem.

Phase 4: Ich-Botschaft 2
Sie verstärken Ihre erste Ich-Botschaft noch dadurch, dass Sie Ihre unguten Gefühle mit anderen Worten unterstreichen.

106

Phase 5: Ball abgeben

Nun spielen Sie dem Mitarbeiter den Ball zu. Er soll Ihnen sagen, was er nun tun wird. Diese Phase entscheidet über den Erfolg Ihrer Ich-Botschaft! Nageln Sie den Mitarbeiter mit dieser Frage fest. *Auf keinen Fall dürfen Sie hier etwas anderes sagen, als „Was tun Sie jetzt?".* Sonst hat der Mitarbeiter stets die Möglichkeit auszuweichen.

Die meisten Menschen beginnen sich instinktiv zu wehren, wenn man von ihnen eine Verhaltensänderung erwartet. Hier hilft die Ich-Botschaft, weil sie eher bittet als fordert.

> **Die Ich-Botschaft macht sich die Tatsache zunutze, dass die meisten Menschen bereitwilliger auf ehrliche Bitten eingehen als auf Forderungen und Drohungen.**

Sehen wir uns ein Beispiel an:

Ein Vorgesetzter hat von einem Sachbearbeiter einen Bericht verlangt, den er für die Geschäftsleitungssitzung benötigte. Nach der Sitzung ruft er den Mitarbeiter zu sich.
„Schön, dass Sie gleich kommen konnten" (Phase 1).
„Ich habe Ihren Bericht erhalten und sogleich in der Geschäftsleitungssitzung vorgestellt" (Phase 2).
„Ich war dann sehr verärgert, als ich in Ihrem Bericht auf einige schwer wiegende Fehler gestoßen bin" (Phase 3).
„Ich habe vor meinen Kollegen in der Geschäftsleitung sehr dumm dagestanden" (Phase 4).
„Was tun Sie jetzt?" (Phase 5).

**Beispiel:
Negative Ich-Botschaft**

Mit diesem Gespräch hat der Vorgesetzte seinen Mitarbeiter damit konfrontiert, dass sein Verhalten ihm Probleme bereitet. Seine Frage *„Was tun Sie jetzt?"* ist nichts anderes als ein Hilfeappell.

Ich-Botschaften verhindern die Konfrontation. Dennoch wirkt auf viele Menschen der Aufruf, etwas ändern zu müssen, sehr beunruhigend. Oft versucht der Mitarbeiter in so einem Fall, sich irgendwie herauszureden und zu verteidigen. Im obigen Beispiel könnte die Antwort auf die Frage *„Was tun Sie jetzt?"* durchaus lauten: *„Sie wollten ja den Bericht so schnell von mir haben, dass ich nicht mehr dazu gekommen bin, ihn sorgfältig zu prüfen."*

Wenn Sie jetzt nicht aufpassen, rutschen Sie – je nach persönlichem Temperament – praktisch ansatzlos in einen „Kommunikationsschmetterling" (siehe Seite 52). Das müssen Sie unbedingt vermeiden. Im vorliegenden Fall wollen Sie verhindern, dass Sie künftig nochmals wegen eines Berichts des Mitarbeiters dumm dastehen. Das ist Ihr Fokus. Lassen Sie sich jetzt keinesfalls auf eine Diskussion ein, sonst verwässern Sie die ganze Ich-Botschaft. Antworten Sie etwa: *„Wir wollen jetzt nicht Vergangenheitsbewältigung betreiben. Was gedenken Sie zu tun, damit das nicht mehr vorkommt?"* Möglicherweise erwidert der Mitarbeiter dann: *„Ich habe es wirklich nicht ernsthaft durchgelesen. Ich werde dafür sorgen, dass Sie künftig nur noch ‚wasserdichte' Berichte von mir erhalten."* Und schon können Sie das Gespräch versöhnlich abschließen: *„Das freut mich. Damit betrachte ich die Angelegenheit als erledigt."*

Auch für die erfolgreiche Anwendung von Ich-Botschaften gilt:

Bereiten Sie sich schriftlich vor und halten Sie sich konsequent an die fünf Phasen.

Vergessen Sie eines nicht:

Über Gefühle kann man nicht diskutieren, Gefühle sind einfach da.

108

Übung 14: Ich-Botschaften

Ihr Mitarbeiter lehnt in einem Gespräch alle Ihre Vorschläge ab, indem er Einwände bringt und Bedenken anmeldet. Sie bekommen somit persönlich ein gefühlsmäßiges Problem. Wie kommunizieren Sie ihm das? Denken Sie an die fünf Phasen der Ich-Botschaft. Verwenden Sie die Checkliste am Ende des Kapitels.

Übung 15: Welche Ich-Botschaften wollen Sie in nächster Zeit aussprechen?

Überlegen Sie sich, welches Verhalten Sie an Ihren Mitarbeitern besonders freut oder stört. Kommunizieren Sie ihnen Ihre Gefühle mittels Ich-Botschaften.

Planung Ich-Botschaften

Wann	Mit wem	Zielsetzung

Welche Schlüsse möchten Sie aus diesem Kapitel für sich selbst ziehen?

Checkliste zur Reflexion und Rekapitulation:

Wie möchten Sie Ihre nächste Ich-Botschaft über-mitteln?		
	Thema	**Konkrete Formulierung**
1	Kurzer, positiver Gesprächsein-stieg	
2	Situation wert-frei darstellen	
3	Ich–Botschaft 1	
4	Ich–Botschaft 2	
5	Ball abgeben	*„Was tun Sie jetzt?"*

9 Das Tadelsgespräch

Wie sag ich's meinem Kinde?

„Nicht jeder, der uns schont, ist ein Freund, nicht jeder, der uns tadelt, ein Feind."

(Augustinus Aurelius)

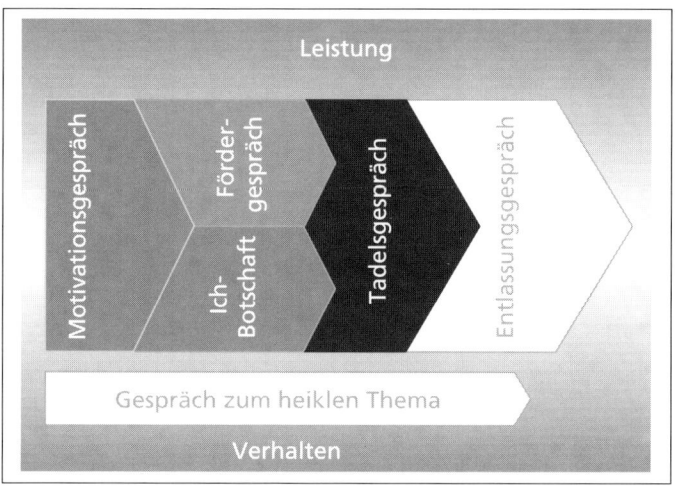

Abbildung 9.1: Führen durch Gespräche: das Tadelsgespräch

Sinn

Wenn ein Mitarbeiter trotz wiederholter Fördergespräche unzureichende Leistungen erbringt oder ein negatives Verhalten sich trotz Ich-Botschaften nicht ändert, müssen Sie Ihre Bemühungen verstärken. Dies geschieht mit dem Tadelsgespräch.

Gesprächsziele

- Im Tadelsgespräch teilen Sie dem Mitarbeiter mit, dass Sie seine mangelnden Leistungen nicht länger hinnehmen werden.
- Im Tadelsgespräch sagen Sie dem Mitarbeiter, dass Sie sein negatives Verhalten nicht länger dulden werden.
- Im Tadelsgespräch drohen Sie Konsequenzen an.

Umfeld

Sich nicht provozieren lassen

Der größte Fehler, den ein Vorgesetzter begehen kann, ist der, sich durch einen Mitarbeiter spontan zu einem Tadelsgespräch (oft eher „Tadelsgeschrei") hinreißen zu lassen. Lassen Sie sich nicht provozieren und bewahren Sie stets die Ruhe! Tadelsgespräche sind nur dann erfolgreich, wenn Sie sie in Ruhe vorbereiten.

> **Ein guter Vorgesetzter hat seine Emotionen so im Griff, dass ihm niemals „der Kragen platzt". Wenn nämlich der Chef brüllt, brüllt die Macht. Und das ist nicht gut.**

Wann aber führen Sie überhaupt ein Tadelsgespräch?

Tadelsgespräche führen Sie dann, wenn ...

- beim Mitarbeiter ein grundsätzliches Leistungsproblem vorliegt, das Sie auch mit wiederholten Fördergesprächen nicht beseitigen konnten,
- sich der Mitarbeiter wiederholt negativ verhalten hat und Ihre diesbezüglichen Ich-Botschaften keine Verhaltensänderung hervorgerufen haben,
- sich der Mitarbeiter ein einmaliges gravierendes negatives Verhalten „geleistet" hat.

Gesprächsablauf

Wie alle anspruchsvollen Führungsgespräche sollte auch das Tadelsgespräch zwingend einem Gesprächsraster folgen:

Phase	Thema
1	**Kurzer, positiver Gesprächseinstieg** *„Ich freue mich, dass wir uns kurz sprechen können."*
2	**Negative Tatsache(n) neutral ansprechen** *„Dies ... (Tatsache schildern) entspricht nicht dem, was wir miteinander vereinbart haben."*
3	**Urteil erfragen** *„Wie bewerten Sie Ihr Verhalten?"*
4	**Selbstverurteilung abwarten** Der Mitarbeiter wird zugeben müssen, dass er sich nicht richtig verhalten hat bzw. seine mangelnden Leistungen die Zielerreichung gefährden.
5	**Anerkennung zollen** *„Gut. Es freut mich, dass dies auch Ihre Einstellung ist ..."*
6	**Konkrete Zielsetzung vereinbaren** *„Was gedenken Sie zu tun, damit die Sache in Ordnung kommt?"*
7	**Schriftliche Gesprächsnotiz (Abmahnung, Verwarnung)** zu Händen der Personalakte erstellen und quittieren lassen.

Phase 1: Kurzer, positiver Gesprächseinstieg
Im kurzen, positiven Gesprächseinstieg zeigen Sie dem Mitarbeiter wiederum Ihre Wertschätzung.

Die Gesprächsphasen
im Einzelnen

113

Phase 2: Negative Tatsache(n) neutral ansprechen

Nun sprechen Sie kurz und prägnant das zu tadelnde Verhalten beziehungsweise die zu tadelnde mangelnde Leistung oder Leistungsbereitschaft an. Zwei bis maximal drei Sätze genügen in der Regel völlig. Es darf keine Diskussion entstehen.

Phase 3: Urteil erfragen

Nachdem die negativen Tatsachen auf dem Tisch sind, fragen Sie den Mitarbeiter unumwunden, ob er die Situation gut findet.

Phase 4: Selbstverurteilung abwarten

Eigentlich hat der Mitarbeiter im konkreten Tadelsfall keine andere Wahl, als sich selbst zu verurteilen. Oft wird er versuchen – und hier benehmen sich viele Menschen altersunabhängig wie die kleinen Kinder – sich zu rechtfertigen:

- Seine mangelnden Leistungen kommen deshalb zustande, weil andere, auf deren Hilfe er angewiesen ist, ihm diese Hilfe nicht zuteil werden lassen.
- Er hat sich deshalb so verhalten, weil ihm ein anderer keine andere Wahl ließ.

Vergessen wir nicht:

> **Jeder Mensch empfindet sein Verhalten zunächst einmal als richtig. Wäre er sich bewusst, dass sein Verhalten nicht in Ordnung ist, würde er sich anders verhalten.**

Nicht auf Ausflüchte eingehen

Wenn es der Mitarbeiter mit Ausflüchten oder Rechtfertigungen versucht, bleiben Sie hartnäckig und sagen: *„Darum geht es jetzt gar nicht. Ich stelle Ihnen nochmals die Frage: Finden Sie das gut, wie Sie sich verhalten haben?"* Lassen Sie sich auf keinen Fall auf Diskussionen ein. Damit scheitert jedes Tadelsgespräch. In seltenen, ganz schweren Fällen bleibt der Mitarbeiter völlig uneinsichtig. Doch auch das ist kein Problem. Dann sagen Sie einfach: *„Es tut mir Leid. Als Ihr Vorgesetzter muss ich Ihnen sagen, dass ich Ihr Verhalten nicht akzeptieren kann. Ich bin nicht bereit, ein solches Verhalten in Zukunft nochmals zu tolerieren."*

Phase 5: Anerkennung zollen
Sieht der Mitarbeiter seine(n) Fehler ein, erkennen Sie dies selbstverständlich an. Im unwahrscheinlichen Fall, dass er sich uneinsichtig zeigt, gehen Sie direkt zu Phase 6 über.

Phase 6: Konkrete Zielsetzung vereinbaren
Nun lassen Sie den Mitarbeiter vorschlagen, was er konkret zu tun gedenkt, damit das getadelte Verhalten nicht wieder vorkommt. Dies ist der Augenblick, wo Sie klar kommunizieren können, dass Sie ein ähnliches Verhalten nicht mehr tolerieren werden. An dieser Stelle können Sie auch vereinbaren, welche Konsequenzen der Wiederholungsfall haben wird.

Phase 7: Schriftliche Gesprächsnotiz erstellen (Abmahnung, Verwarnung)

Mit einem Tadelsgespräch stellen Sie den Mitarbeiter an den Rand des Abgrundes. Entweder er ändert sich, oder er wird das Unternehmen verlassen.

Über ein Tadelsgespräch muss deshalb zwingend eine Gesprächsnotiz erstellt werden. Diese legen Sie dem Mitarbeiter am Ende des Gesprächs vor. Er bestätigt auf einer Kopie den Empfang mit seiner Unterschrift. Eine Gesprächsnotiz über ein geführtes Tadelsgespräch gehört in die Personalakte. Achten Sie bei der Abfassung dieser Gesprächsnotiz darauf, dass sie im Bedarfsfall auch juristisch verwendet werden kann. Benutzen Sie dazu die folgende „Eselsbrücke":

Wichtig:
Schriftliche Notiz für die Personalakte

Wer hat *was wann wo* gegenüber *wem* in *wessen* Gegenwart *wie* oder *womit* gesagt oder getan?

Beispiel einer Abmahnung (in der Schweiz „Verwarnung")

Herrn
Paul Muster
persönlich übergeben   Adorf, den 15. April 2004

Abmahnung (Verwarnung)

Sehr geehrter Herr Muster,

Sie haben am Donnerstag, den 11. März 2004, um 15 Uhr im Aufenthaltsraum Herrn Müller unter Zeugen (Frau Meier, Herr Keller) als *„dämlichen Idioten und faulen Hund"* bezeichnet. Damit haben Sie Herrn Müller grob beleidigt und den Betriebsfrieden gefährdet.

Wir weisen Sie darauf hin, dass wir nicht bereit sind, dieses Verhalten zu akzeptieren, und sprechen Ihnen hiermit eine Abmahnung aus. Diese Abmahnung wurde Ihnen heute durch Herrn Huber mündlich kommuniziert.

Nehmen Sie bitte zur Kenntnis, dass unser Arbeitsverhältnis solche oder ähnliche Äußerungen künftig nicht mehr erträgt. Wir behalten uns im Wiederholungsfall arbeitsrechtliche Konsequenzen bis hin zu einer Auflösung des Arbeitsverhältnisses vor.

Franz Bürki   Max Freundlich
Geschäftsführer   Personalwesen

Kein Einfluss des Betriebsrates auf Abmahnungen

Von einer Abmahnung ist nur das Arbeitsverhältnis zwischen Arbeitgeber und Arbeitnehmer betroffen. Es handelt sich also um eine individualrechtliche Angelegenheit.

Individualrechtliche Angelegenheiten unterliegen nicht dem Mitbestimmungsrecht des Betriebsrates.

Im Normalfall hat der Betriebsrat bezüglich Abmahnungen kein Informationsrecht, kein Mitwirkungsrecht und kein Mitbestimmungsrecht. Ein Mitbestimmungsrecht des Betriebsrates liegt nur dann vor, wenn eine Abmahnung kollektivvertraglich relevante Konsequenzen hat, also zum Beispiel vereinbart ist, dass eine Abmahnung automatisch einen befristeten Beförderungsstopp nach sich zieht.

Die Konsequenzen eines Tadelsgesprächs

Wegen der Konsequenzen, die Tadelsgespräche haben, sollten sie nur dann eingesetzt werden, wenn Sie bereit sind, den Weg gegebenenfalls bis zum Ende zu gehen.

Holen Sie sich bei Ihrem Vorgesetzten Rückendeckung vor einem Tadelsgespräch, wenn Sie der mittleren Führungsebene angehören.

Gesetzt den Fall, Ihr Vorgesetzter möchte nicht, dass Sie ein Tadelsgespräch führen, obwohl Sie in der Sache richtig liegen – was tun Sie dann? Sie können sich nicht ohne weiteres über den Einwand Ihres Vorgesetzten hinwegsetzen. Akzeptieren Sie es, wenn Ihr Vorgesetzter Sie daran hindern will, ein berechtigtes Tadelsgespräch zu führen. Sagen Sie im Anschluss an sein Veto aber:

Wenn der eigene Vorgesetzte das Tadelsgespräch nicht will

„Es wäre da noch etwas zu regeln. Wer sagt es der Personalabteilung?"

Ihr Vorgesetzter wird Sie mit Sicherheit verständnislos anschauen. Dann fahren Sie fort:

„Ich kann ja diesem Mitarbeiter gegenüber meine Führungsaufgabe nicht mehr wahrnehmen. Sind Sie bereit, ihn zu übernehmen?"

Das kleine Einmaleins der Führung besagt:

> **Wer Vorgesetzter ist, hat das Recht und die Pflicht, den unterstellten Mitarbeitern gegenüber seine Führungsverantwortung vollumfänglich wahrzunehmen. Hierzu gehören Motivationsgespräche, Fördergespräche, Ich-Botschaften, Tadelsgespräche und – notfalls – auch das Kündigungsgespräch.**

Wetten, dass Sie nach den oben beschriebenen Äußerungen Ihr Tadelsgespräch führen können? Kein Vorgesetzter übernimmt gerne einen Mitarbeiter, der Probleme bereitet. Und Tadelsgespräche müssen wir nur mit Mitarbeitern führen, die Probleme bereiten.

> **Den Mut zum Tadelsgespräch müssen Sie gegenüber dem betroffenen Mitarbeiter, aber auch gegenüber Ihrem Vorgesetzten beweisen. Tun Sie es!**

Übung 16: Tadelsgespräch bei Leistungsproblemen

Ein Mitarbeiter hat zunehmend Mühe, die vereinbarten Leistungen zu erbringen. In Fördergesprächen haben Sie das Problem schon mehrmals angesprochen. Der Mitarbeiter verspricht jedes Mal, die vereinbarten Ziele zu erreichen, muss dann jedoch immer eingestehen, dass er es wieder nicht geschafft hat. Sie entscheiden sich für ein Tadelsgespräch. Bereiten Sie es vor und benutzen Sie dazu die Checkliste am Kapitelende.

Übung 17: Tadelsgespräch bei ständigen Verspätungen

Ein Mitarbeiter hält sich nicht an die vereinbarten Blockzeiten. Seine Kollegen reagieren zunehmend verärgert. Nachdem sich mehrere Mitarbeiter bei Ihnen beschwert haben, haben Sie den Betreffenden mit Ich-Botschaften angesprochen und ihm erklärt, dass Sie von ihm wie von allen anderen erwarten, sich an Vereinbarungen zu halten. Obwohl er Ihnen dies bestätigt hat, kommt er nach wie vor regelmäßig zu spät. Die Stimmung in der Gruppe sinkt. Sie entscheiden sich für ein Tadelsgespräch. Bereiten Sie sich mithilfe der unten stehenden Checkliste darauf vor.

Welche Schlüsse möchten Sie aus diesem Kapitel für sich selbst ziehen?

Checkliste zur Reflexion und Rekapitulation:

Überlegen Sie sich, ob Sie Mitarbeiter haben, deren Verhalten Sie schon lange stört. Bereiten Sie sich darauf vor, „beim nächsten Mal" ein Tadelsgespräch zu führen.

	Thema	Konkrete Formulierung
1	Kurzer, positiver Gesprächsein-stieg	
2	Negative Tat-sache(n) wert-frei darstellen	
3	Urteil erfragen	
4	Selbstverurtei-lung abwarten	
5	Volle Anerken-nung zollen	
6	Konkrete Ziel-vereinbarung treffen	
7	ggf. schriftliche Gesprächsnotiz (Abmahnung, Verwarnung)	

10 Das Entlassungs-gespräch

Auf höchstem menschlichem Niveau

„Besser ein Ende mit Schrecken als ein Schrecken ohne Ende."

(Volksmund)

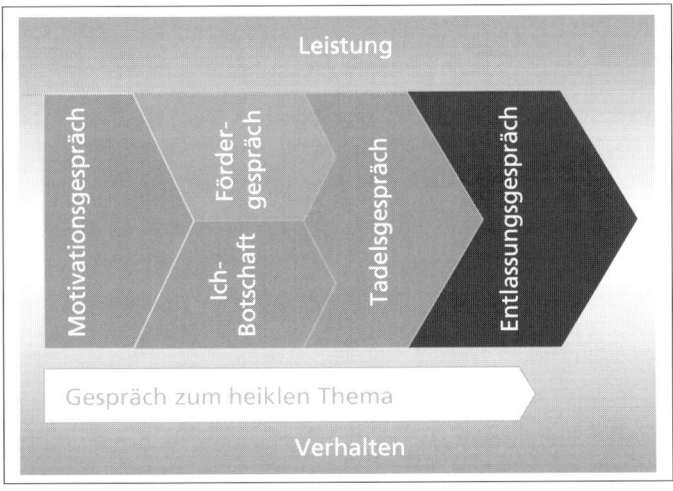

Abbildung 10.1: Führen durch Gespräche: das Entlassungsgespräch

Sinn

Ein Entlassungsgespräch ist das letzte Mittel zur definitiven Lösung eines Personalproblems.

121

Gesprächsziele

- Sie trennen sich von einem Mitarbeiter, dessen Verhalten (oder Leistung) die Zielerreichung gefährdet.
- Sie trennen sich von einem Mitarbeiter, unter dessen Verhalten andere Mitarbeiter zu leiden haben.

Umfeld

Problem:
Viele Menschen definieren sich über ihre Arbeit

Eine Beendigung des Arbeitsverhältnisses durch den Arbeitgeber ist ein traumatisches Erlebnis und gehört für den Mitarbeiter fast immer zu den härtesten Schlägen in seinem Berufsleben. Dies gilt ganz besonders in unseren Breitengraden, wo sich viele Menschen über ihre Arbeit und ihren Arbeitsplatz definieren.

Weil wir als Vorgesetzte wissen, dass eine Entlassung für den Mitarbeiter und seine Angehörigen fundamentale Konsequenzen hat, tun wir uns so schwer damit, eine Entlassung ins Auge zu fassen.

Dennoch führt kein Weg daran vorbei:

> **Eine Führungskraft muss in der Lage sein, nach Abwägung aller Vor- und Nachteile eine Entlassung zu planen und durchzusetzen.**

Selbstverständlich werden Sie das Arbeitsverhältnis mit einem Mitarbeiter nur dann kündigen, wenn triftige Gründe im Sinne Ihrer Führungsmaxime vorliegen:

- Durch seine Leistung oder sein Verhalten ist die Zielerreichung gefährdet.
- Unter seinem Verhalten haben andere Mitarbeiter zu leiden.

122

- Bisherige Versuche, eine Verhaltensänderung oder Leistungsverbesserung hervorzurufen, sind gescheitert.

Das folgende Flussdiagramm erleichtert die Entscheidungsfindung:

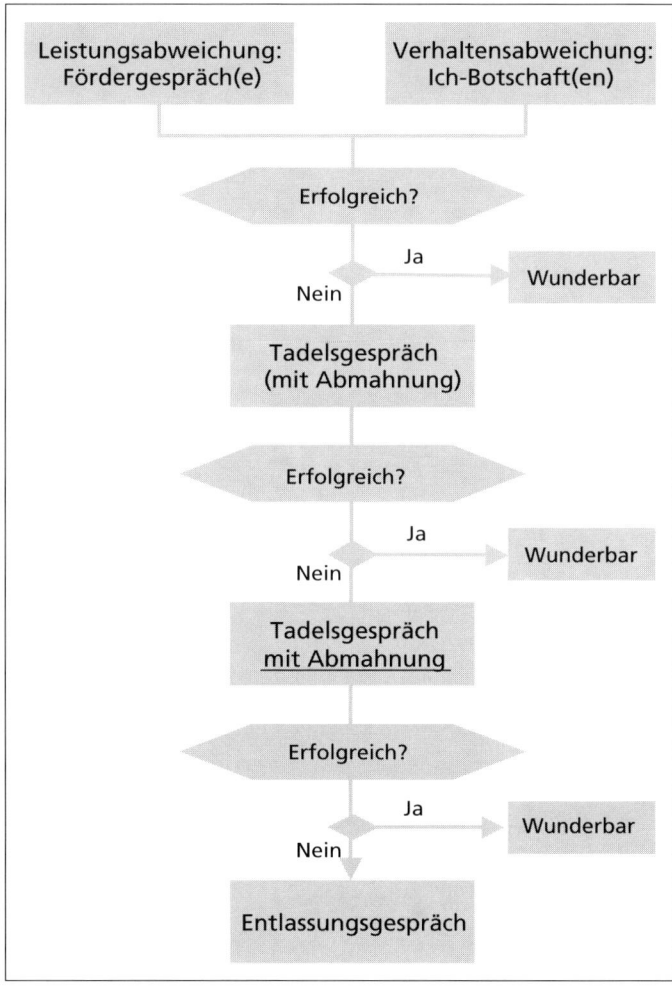

Abbildung 10.2: Flussdiagramm: „Führungsgespräche bei Leistungsproblemen"

Als Führungskraft dürfen Sie sich nicht hinter Personalabteilungen, höherer Gewalt oder anderen Ausreden verstecken, wenn es darum geht, einem Mitarbeiter die unangenehme Botschaft zu überbringen:

Das Entlassungsgespräch zu führen ist einzig und allein Sache des direkten Vorgesetzten.

Problem:
Für jeden ist sein
Verhalten stimmig

Es liegt in der Natur der Sache und ist aus der Verhaltensbiologie heraus zu begründen, dass der Mitarbeiter, dem gekündigt werden soll, ahnungslos ist oder sich zumindest ahnungslos gibt. Unser Verhalten ist für uns persönlich immer stimmig. Fehlverhalten wird meist – trotz objektiv gegenteiliger Beweise – aus unserem Bewusstsein konsequent verdrängt.

Beispiel:
Ein gekündigter
Mitarbeiter entwirft
„eigene" Wahrheit

Ein Mitarbeiter wurde entlassen, nachdem man ihn in mehreren Tadelsgesprächen und einer formalen Abmahnung ultimativ aufgefordert hatte, sein Verhalten zu ändern. Nachdem dies bei ihm keine Verhaltensänderung bewirkt hat, wurde ihm schließlich gekündigt. Auch heute, mehrere Jahre nach seiner Entlassung, kommuniziert dieser Mitarbeiter im Brustton tiefster Überzeugung seiner Umgebung: „Ich habe keine Ahnung, weshalb ich entlassen wurde. Niemand hat mir je mitgeteilt, warum ..."

Dies ist eine Art Selbstschutz. Würde der Mitarbeiter seinem Bekanntenkreis kommunizieren, was im Vorfeld der Kündigung stattgefunden hat (Fördergespräche, Ich-Botschaften, Tadelsgespräche, Abmahnung), würde er wahrscheinlich auf Unverständnis stoßen. In der Opferrolle wird er bemitleidet. Und: Mit großer Wahrscheinlichkeit glaubt der Betroffene selbst an seine Version, denn: Unsere Einstellung bestimmt unsere Wahrnehmung.

Hier und da wird behauptet, man könne ein Entlassungsgespräch entweder als harter „eiskalter Vollstrecker" führen oder als einfühlsamer „Helfer in der Not". Ich weiß nicht, ob solche Ratgeber je ein Entlassungsgespräch geführt haben. Aus meiner Erfahrung heraus gibt es nur einen Ansatz für ein erfolgreich ablaufendes Kündigungsgespräch:

Überbringen Sie die unangenehme Botschaft rasch und ohne Umschweife – also knallhart. Das ist eine Angelegenheit von maximal zwei Minuten, an deren Ende der Mitarbeiter ohne jeden Zweifel weiß: Ich bin draußen und es gibt keinen Weg zurück.

Immer wieder nehme ich mit Entsetzen zur Kenntnis, dass in manchen Unternehmen eine bereits ausgesprochene Kündigung zurückgenommen wird. Wohlverstanden – nicht etwa deswegen, weil man sich juristisch nicht richtig verhalten hätte und die Kündigung aus diesem Grund nichtig wäre. Nein – der entlassene Mitarbeiter tut dem Vorgesetzten Leid. Deshalb entschließt man sich, es doch noch „ein letztes Mal" zu versuchen.

„Und die Familienangehörigen des Mitarbeiters? Der Mann hat eine Frau und schulpflichtige Kinder! Den können wir doch nicht einfach rauswerfen!" – So oder ähnlich wird sich eine unserer inneren Stimmen („die Mitmenschlichkeit") mit Sicherheit im Vorfeld einer Entlassungsentscheidung melden.

Wie wirkt solche Inkonsequenz auf die Kollegen des Betroffenen? Wie steht ein Vorgesetzter da, der klare Entscheidungen scheut? Er macht sich lächerlich und wird von seinen Mitarbeitern nicht mehr ernst genommen. Stellen wir hier nochmals klar:

> **Jeder Mitarbeiter bezieht sein Gehalt in einem Unternehmen für seine Gegenleistung als Mithelfer bei der Zielerreichung und guter Mitspieler im Team. Leistet er dies nicht, hat er keinen Platz mehr im Unternehmen. Das ist dann sein Problem – und letztlich auch dasjenige seiner Angehörigen.**

Wer die Härte zur Entscheidung nicht aufbringt, darf keine Führungsaufgabe übernehmen, weil er seine Führungsverantwortung nicht wahrnimmt.

Rechtliche Aspekte

> **Eine Kündigung durch den Arbeitgeber ist eine einseitige und empfangsbedürftige Willenserklärung, mit der das Arbeitsverhältnis mit dem betroffenen Mitarbeiter beendet wird. Gegen eine Kündigung kann der Mitarbeiter arbeitsgerichtlich vorgehen.**

Wichtig: Arbeitsrecht beachten

Holen Sie vor einer Kündigung unbedingt Informationen ein, welche arbeitsrechtlichen Grundlagen zu beachten sind. Je nach Land sind unterschiedliche Anforderungen zu erfüllen. So muss in Deutschland der Betriebsrat rechtzeitig vor jeder Kündigung gehört werden. Dieser kann eventuelle Bedenken im Regelfall innerhalb einer Woche vorbringen. Unterlassen Sie es in einem deutschen Unternehmen, den Betriebsrat zu informieren und anzuhören, ist die Kündigung unwirksam.

Wann der Betriebsrat widersprechen kann

In Deutschland kann der Betriebsrat einer Kündigung beispielsweise aus folgenden Gründen widersprechen:
- Der Kündigungsgrund wird als unzureichend empfunden.
- Die lange Betriebszugehörigkeit des Mitarbeiters sei unzureichend beachtet worden.

126

- Das fortgeschrittene Alter des Mitarbeiters sei unzureichend beachtet worden.
- Der Mitarbeiter habe hohe Unterhaltsverpflichtungen.
- Eine Weiterbeschäftigung sei unter geänderten Vertragsbedingungen möglich.

Die Schweiz kennt solche Regelungen nicht.

Es ist hier nicht der Ort, Grundsatzdiskussionen über staatliche Sozialwerke zu führen. Tatsache ist aber, dass manche Früchte des Sozialstaates gewisse Mitarbeiter nachgerade dazu einladen, ihre Eigeninteressen – da mit Strafe nicht zu rechnen ist – über die Firmeninteressen zu stellen.

Unser Führungsverständnis verlangt, dass wir uns von einem Mitarbeiter trennen, wenn seine Leistungen die betriebliche Zielerreichung gefährden oder sein Verhalten für seine Umgebung nicht länger zumutbar ist.

Selbstverständlich haben Sie vor jeder Entlassungsentscheidung den Eskalationsablauf (Fördergespräche / Ich-Botschaft(en) ➞ Tadelsgespräch(e) ➞ Abmahnung) zu befolgen.

Es stehen bei einer Kündigung grundsätzlich zwei Wege offen: die *fristlose* Kündigung und die *ordentliche* Kündigung.

Die *fristlose* Kündigung

Eine fristlose Kündigung kann dann ausgesprochen werden, wenn der Mitarbeiter sich einer schwer wiegenden Verfehlung schuldig gemacht hat. Eine schwer wiegende Verfehlung liegt beispielsweise vor bei

- Arbeitsverweigerung,
- schwerer Beleidigung von Mitarbeitern oder Vorgesetzten,
- aktiver oder passiver Bestechung,
- Spesenbetrug,

Gründe für eine fristlose Kündigung

127

- schwer wiegendem Missbrauch von Vollmachten,
- eigenmächtigem Urlaubsantritt,
- eigenmächtiger Urlaubsverlängerung („Krankfeiern"),
- Nebenbeschäftigung bei einem Mitbewerber,
- wiederholtem Fehlverhalten nach einer Abmahnung.

Ist das schuldhafte Verhalten des Mitarbeiters erwiesen, lässt sich eine fristlose Kündigung vergleichsweise einfach aussprechen, sofern der Ablauf formal korrekt befolgt wird. Auch sind die psychologischen Probleme für den Vorgesetzten umso geringer, je offensichtlicher und „boshafter" das Fehlverhalten des Mitarbeiters empfunden wird.

Fristlose Kündigungen sind allerdings nicht ganz problemlos, weil sie „gerechtfertigt" sein müssen. Was aber „gerechtfertigt" ist, kann durchaus unterschiedlich interpretiert werden. Um dieses Problem zu umgehen, wird oft eine ordentliche Kündigung ausgesprochen, wobei der Mitarbeiter bei Lohnfortzahlung bis zum Ablauf der Kündigungsfrist mit sofortiger Wirkung freigestellt wird.

Wenn Sie in Deutschland tätig sind und eine fristlose Kündigung des Arbeitsverhältnisses aussprechen, sollten Sie im Kündigungsschreiben aus Sicherheitsgründen stets noch *„vorsorglich fristgerecht"* hinzusetzen. Sollte dann ein Arbeitsgericht die fristlose Kündigung als nicht gerechtfertigt beurteilen, wird sie automatisch in eine ordentliche Kündigung umgewandelt. Damit können Sie einem eventuellen Rechtsstreit gelassen(er) entgegensehen.

Die *fristgerechte* oder *ordentliche* Kündigung

Sinnvoll: Einen gekündigten Mitarbeiter sofort freistellen

Bei der ordentlichen Kündigung wird die gesetzliche oder vertraglich vereinbarte Kündigungsfrist eingehalten. Wenn möglich – und dies ist in der Schweiz durchaus üblich –, wird der Mitarbeiter trotzdem sofort freigestellt. Dies hat psychologische Vorteile für den betroffenen Mitarbeiter wie für seine Umgebung. Nachteilig kann sich auf den Arbeitsablauf auswirken, dass ein Mitarbeiter fehlt.

Im Gegensatz zur Schweiz haben in Deutschland ordentliche Kündigungen oft Anwaltsschreiben und arbeitsgerichtliche Auseinandersetzungen zur Folge. Arbeitsgerichtsprozesse sollten möglichst vermieden werden. Sie sind nervenaufreibend, teuer und belasten das Image des Unternehmens. Außerdem sind sie psychologisch für alle Seiten unbefriedigend (Prozessunsicherheit für den Arbeitgeber, Verbitterung des Arbeitnehmers).

Deshalb kann nicht genug betont werden:

Halten Sie den Eskalationsablauf vor einer Kündigung ein. Dann haben Sie die ganze Entwicklung dokumentiert und können belegen, wie Sie den Mitarbeiter auf die Probleme aufmerksam gemacht und was Sie von ihm erwartet haben.

Selbstverständlich sollte es sein, dass eine Kündigung mündlich kommuniziert und schriftlich bestätigt wird. Am einfachsten ist es, wenn Sie dem Mitarbeiter die schriftliche Kündigung im Gespräch aushändigen und ihn den Empfang auf einer Kopie bestätigen lassen. Senden Sie ihm die Kündigung mit der Post, tun Sie es mit einem eingeschriebenen Brief.

Ist die Entscheidung kommuniziert, dass die Entlassung vollzogen wird und dieser Entschluss unabänderlich ist, kann, ja soll der Vorgesetzte durchaus zukunftsgerichtet helfen. Dies alles ist im nachfolgend dargestellten Gesprächsablauf möglich.

Gesprächsablauf

Merken Sie sich:

> **Ein Entlassungsgespräch führen Sie immer in Gegenwart eines Zeugen.**

Der Zeuge kann im Bedarfsfall bestätigen, dass alles geordnet und anständig abgelaufen ist. Außerdem hat er eine wichtige Aufgabe als „Begleiter" wahrzunehmen.

Phase	Thema
1	**Kurzer, positiver Gesprächseinstieg** *„Schön, dass Sie kommen konnten."*
2	**Negative Tatsache(n) neutral ansprechen** *„Dies ...(Tatsache schildern) entspricht einmal mehr nicht dem, was wir miteinander vereinbart haben."*
3	Ich-Botschaft *„Mein Gefühl dabei wird zunehmend schlechter! Ich möchte, dass wir uns auch in Zukunft noch in die Augen schauen können."*
4	**Unwiderrufliche Kündigung kommunizieren** *„Wir kündigen deshalb das Arbeitsverhältnis mit Ihnen gemäß Kündigungsfrist (Monate angeben) zum (Datum). Diese Entscheidung ist unwiderruflich!"*
5	**Konkreter Verbleib** *„Sie werden mit sofortiger Wirkung freigestellt."* oder (falls eine sofortige Freistellung nicht infrage kommt): *„Was werden Sie in der verbleibenden Zeit tun, damit ich bei möglichen Anfragen für Sie ein positives Wort einlegen kann?"*

6	**Begleitung** Lassen Sie den Betroffenen nach dem Entlassungsgespräch nicht allein. Organisieren Sie, dass jemand (zum Beispiel von der Personalabteilung) bei ihm ist. Oft sind die Betroffenen sehr schockiert, weinen oder fluchen.
7	**Nachgespräch anbieten** *„Wir können später noch zusammen sprechen."*

Phase 1: Kurzer, positiver Gesprächseinstieg
Auch im Entlassungsgespräch zeigen Sie dem Mitarbeiter mit einem kurzen, positiven Einstieg Ihre Wertschätzung.

Die Gesprächsphasen im Einzelnen

Phase 2: Negative Tatsache(n) neutral ansprechen
Mit maximal zwei Sätzen sprechen Sie die negative Tatsache an, dass sich der Mitarbeiter auch nach dem Tadelsgespräch nicht im Sinne der Vorstellungen des Unternehmens verändert hat.

Phase 3: Ich-Botschaft
Mit einer Ich-Botschaft sprechen Sie das schlechte Gefühl an, das diese Tatsache in Ihnen hervorruft. Außerdem drücken Sie Ihren Wunsch aus, dass Sie trotz allem die gegenseitige Wertschätzung bewahren möchten.

Phase 4: Unwiderrufliche Kündigung kommunizieren
Jetzt kommt die knallharte Botschaft: „Wir kündigen Ihnen. **Diese Entscheidung ist unwiderruflich!"**
Sie sehen, das ist in etwa der sechste Satz des ganzen Entlassungsgesprächs. Haben Sie diesen Punkt erreicht, ist das Gespräch im Prinzip beendet. Sie werden bemerkt haben, dass bis zu diesem Zeitpunkt der Mitarbeiter keine Gelegenheit hatte, Ihr Gesprächskonzept zu unterlaufen. Mit dem Hin-

weis darauf, dass diese Entscheidung unwiderruflich sei, wird auch jede Diskussion überflüssig. Das merkt Ihr Mitarbeiter instinktiv.

Möglicherweise beginnt der Mitarbeiter nun starke Emotionen zu zeigen. Manche zittern, andere bringen kaum einen Satz heraus und sitzen völlig blockiert da, wieder andere beginnen zu weinen. Diese unangenehme Situation müssen Sie aushalten.

Phase 5: Konkreter Verbleib

Im Idealfall können Sie den Mitarbeiter informieren, dass er mit sofortiger Wirkung freigestellt wird. Andernfalls sollten Sie sicherstellen, dass der Mitarbeiter sich in der verbleibenden Zeit am Arbeitsplatz trotz allem akzeptabel verhält. Der Mitarbeiter muss und wird nun wissen, dass Sie bereit sind, ihn positiv zu unterstützen, wenn er ein entsprechendes Verhalten zeigt.

Phase 6: Begleitung

Jetzt braucht der Mitarbeiter Zeit, sich etwas zu fassen. Sie werden ihm deshalb anbieten, in Begleitung des Zeugen (zum Beispiel ein Mitarbeiter der Personalabteilung) seinen Arbeitsplatz oder einen anderen Raum aufzusuchen, wo die beiden alleine sind. Die Rolle des Begleiters ist sehr wichtig. Er wird dem Mitarbeiter beispielsweise seine Hilfe anbieten, wenn es etwa darum geht, den Lebenspartner zu informieren. (Manche Mitarbeiter haben Angst, dem Partner die Wahrheit zu sagen.)

Phase 7: Nachgespräch anbieten

Sie können abschließend darauf hinweisen, dass Sie für ein weiteres Gespräch zur Verfügung stehen. Wenn Sie klar kommuniziert haben, dass die Kündigung unwiderruflich ist, wird ein solches Gespräch nicht mehr um diesen Punkt kreisen. Diese Erfahrung habe ich bei allen Entlassungsgesprächen gemacht, und ich habe nach jedem solchen Gespräch noch ein Nachgespräch geführt.

Das schlimmste Nachgespräch, das ich erlebt habe, fand vor vielen Jahren wenige Tage vor Weihnachten statt. Ein junger Mitarbeiter hatte sich derart in Forderungen an die Firma verrannt, dass eine Kündigung nach etlichen Gesprächen – trotz des bevorstehenden Weihnachtsfests – unausweichlich wurde.

Beispiel: Nachgespräch

Etwa eine Stunde nach dem Entlassungsgespräch fand das Nachgespräch im Büro des Entlassenen statt. Plötzlich eröffnete mir der junge Mann, dass es für ihn nun schon sehr hart wäre, weil seine Frau im vierten Monat schwanger sei.

Können Sie nachempfinden, wie ich mich in einer solchen Situation als Vorgesetzter fühlte? Dennoch – die Kündigung war gerechtfertigt und blieb unwiderruflich! Wir hatten ein längeres Gespräch und ich gab ihm für einen zukünftigen Arbeitsplatz noch manchen Tipp mit auf den Weg.

Etwa zehn Jahre später kam anlässlich eines wissenschaftlichen Kongresses ein Mann auf mich zu und begrüßte mich sehr herzlich. Es war der Mitarbeiter, den ich damals entlassen hatte. Wir sprachen über seine Familie, über seine Arbeit und gingen im besten Einvernehmen auseinander. Beide konnten wir uns ohne Vorbehalte in die Augen sehen. Und das sollten wir bei einem Entlassungsgespräch stets vor Augen haben ...

Sonderfall: Die Entlassung aus betrieblichen Gründen

Es ist müßig, darüber zu diskutieren, ob Entlassungen aus betrieblichen Gründen immer auf Managementfehler zurückzuführen sind oder nicht: Sie kommen immer wieder – und zurzeit leider immer häufiger – vor. So hart auch diese Form der Auflösung des Arbeitsverhältnisses für den betroffenen Mitarbeiter ist – sie ist dennoch fundamental anders:

Wird einem Mitarbeiter aus betrieblichen Gründen gekündigt, liegt das Verschulden nicht auf seiner Seite.

Am Ablauf des Entlassungsgesprächs ändert sich im Grundsatz nichts. Nur die Inhalte sind anders: Statt negativen Verhaltens oder mangelnder Leistungen des Mitarbeiters ist die Situation des Unternehmens als negative Tatsache anzuführen. Diese bedingt die Kündigung. Auch wird im konkreten Verbleib oft eine mögliche Abfindungssumme oder ein Sozialplan kommuniziert werden können, was die Angelegenheit wenigstens aus materieller Sicht etwas leichter macht.

Zufrieden stellend sind Entlassungen aus betrieblicher Sicht vor allem deshalb nicht, weil betriebswirtschaftliche Fehlleistungen des Managements in der Regel ursächlich mit dem Bedarf nach Restrukturierung zusammenhängen.

Vergessen wir nicht:

Als Vorgesetzte sind wir immer Teil des Managements und damit für dessen Fehlleistungen stets mitverantwortlich.

Prüfen Sie vor jedem geplanten Entlassungsgespräch die folgenden Punkte:

Vorbereitung Entlassungsgespräch			
Gespräch	**Am**	**Ziel**	**Gesprächsnotiz**
☐F ☑I ☐T	12.5	*keine beleidigenden Äußerungen mehr*	*vorhanden*
☐F ☑I ☐T	9.1	*keine beleidigenden Äußerungen mehr*	*vorhanden*
☐F ☐I ☑T	24.3	*Tadel mit Abmahnung*	*Abmahnung bestätigt*
IST heute	*erneute verbale Beleidigung eines Mitarbeiters (Hr. Trostlos) am 24.06 (Zeugen: Frau Fröhlich, Herr Hellmer)*		
Entschei-dung	*Das Arbeitsverhältnis wird zum Monatsende ordentlich gekündigt (3 Monate Kündigungsfrist). Der Mitarbeiter wird mit sofortiger Wirkung freigestellt.*		
Vorgesetzter	*einverstanden*	**Betriebsrat**	*einverstanden*
Personalabt	*informiert*	**Begleiter**	*Hr. Hohl, PW*
Entlassungsgespräch geplant	26.06		

F Fördergespräch I Ich-Botschaft T Tadelsgespräch

Entlassungsgespräche machen nie Freude. Wenn Sie sich aber strikt an den Gesprächsablauf halten, ist ein Entlassungsgespräch zwar hart, verläuft aber auch auf höchstem menschlichem Niveau.

Übung 18: Entlassung wegen mangelnder Leistung
Ein Mitarbeiter zeigt seit längerer Zeit mangelnde Leistungsbereitschaft und damit mangelnde Leistungen. Tadelsgespräche und eine Abmahnung liegen bereits hinter Ihnen. Bereiten Sie ein Entlassungsgespräch vor und benutzen Sie dazu die Checkliste am Ende dieses Kapitels.

Übung 19: Entlassung wegen fortgesetzten Fehlverhaltens gegenüber Kollegen
Ein Mitarbeiter hat Mühe, sich in eine Gruppe einzufügen. Immer wieder kommt es zu Problemen wegen seines Verhaltens.

Auch hier haben alle bisherigen Gespräche und eine Abmahnung keine Besserung gebracht. Nun gab es erneut einen konkreten Vorfall. Sie entschließen sich zur Kündigung. Bereiten Sie das Gespräch mit der Checkliste vor.

Übung 20: Kündigung aus betrieblichen Gründen
Die strategische Ausrichtung eines Unternehmens erwies sich als falsch. Nun müssen 30 Prozent der Mitarbeiter entlassen werden, um das Überleben der Firma zu sichern. Sie bereiten ein Entlassungsgespräch mit der unten stehenden Checkliste vor.

Welche Schlüsse möchten Sie aus diesem Kapitel für sich selbst ziehen?

Checkliste zur Reflexion und Rekapitulation:

Wie möchten Sie ein mögliches/notwendiges Entlassungsgespräch angehen?		
	Thema	**Konkrete Formulierung**
1	Kurzer, positiver Gesprächseinstieg	
2	Negative Tatsache(n) neutral darstellen	
3	Ich-Botschaft	
4	Unwiderrufliche Kündigung kommunizieren	
5	Konkreter Verbleib	
6	Begleitung	
7	Nachgespräch anbieten	

11 Das Gespräch zum heiklen Thema

Wer sagt es, wenn nicht der Chef?

„Ich bin ein Mensch. Nicht Menschliches ist mir freund."
(Publius Terentius Afer)

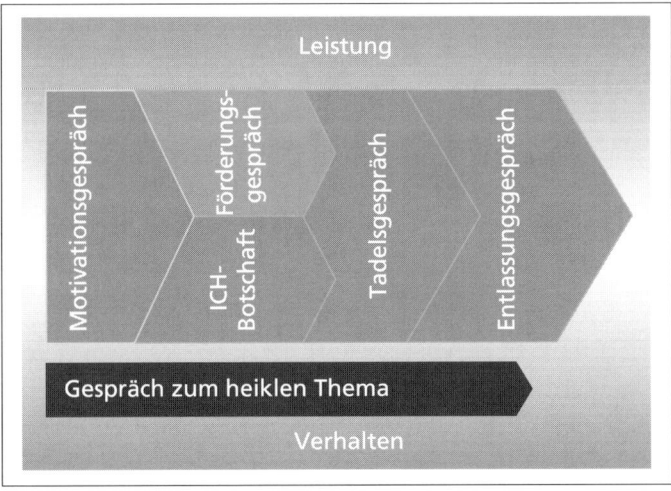

Abbildung 11.1: Führen durch Gespräche: das Gespräch zum heiklen Thema

Sinn

Mit dem Gespräch zum heiklen Thema hilft der Vorgesetzte dem Mitarbeiter, sich peinlichen Situationen zu entziehen.

Gesprächsziel

- Sie sprechen bei einem Mitarbeiter heikle Themen aus dem persönlichen Bereich an.
- Sie machen dem Mitarbeiter das Problem bewusst.
- Sie unterstützen den Mitarbeiter bei der Lösung des Problems.

Umfeld

Wir alle haben schon Situationen erlebt, die uns im Nachhinein sehr peinlich waren:

Peinliche Situationen

- Sie halten vor einem großen Publikum einen Vortrag – mit offenem Hosenstall ...
- Sie haben im Augenblick vielleicht einen Mundgeruch, der von Ihrer unmittelbaren Umgebung als höllisch empfunden wird. Alle merken es – nur Sie nicht ...
- Ihr Lebenspartner hat Ihnen ein wunderbar duftendes Parfum geschenkt – Ihrem Vorgesetzten, der mit Ihnen das Büro teilt, wird davon übel ...

Die Reihe ließe sich beliebig fortsetzen. Das Problem ist klar. Die Situation ist unangenehm. Manchmal leidet eine ganze Gruppe. Niemand fühlt sich zuständig, niemand will „die heiße Kartoffel" anfassen ...

Das Tragische an der Situation ist: Jeder weiß darum, man spricht darüber. Nur der Betroffene weiß von nichts.

Wer also redet mit dem „Sünder"?

> **Es ist einzig und allein Sache des direkten Vorgesetzten, Gespräche „zum heiklen Thema" zu führen: offen, taktvoll, helfend!**

Gesetzt den Fall, Sie leiden wirklich unter Mundgeruch – würden Sie böse, wenn Ihnen dies jemand unter vier Augen und sehr taktvoll sagte? Bis jetzt hat mir noch jeder, den ich gefragt habe, geantwortet, er wäre dankbar, über solche Peinlichkeiten informiert zu werden.

Meistens winden wir uns, wenn es darum geht, solche Gespräche zu führen. Dies, weil wir keinen einfachen Gesprächsablauf kennen, der das Problem taktvoll angeht und der mit Sicherheit zum Erfolg führt. Zugegeben – die ersten zwei, drei Mal, wenn Sie ein solches Gespräch führen, werden Sie ein komisches Gefühl haben und im Vorfeld Gespenster sehen. Wenn Sie es richtig machen, funktioniert es aber immer! Wenn Sie also das nächste Mal Veranlassung haben, eine heikle Angelegenheit anzusprechen, bereiten Sie das Gespräch vor und führen Sie es konsequent nach Plan. Sie schaffen sich damit einen Freund fürs Leben. Und unter den übrigen Mitarbeitern verschaffen Sie sich Achtung und Respekt. Denn:

Weil wir dankbar sind, wenn uns ein Freund auf persönliche Peinlichkeiten aufmerksam macht, sollten wir unseren Mitarbeitern ein solcher Freund sein.

Grinsend sagte ein Kursteilnehmer auf die Frage, wie er einem Mitarbeiter, der stark nach Schweiß riecht, dies kommunizieren würde: „Ich würde ihm ein Stück Seife schenken."

Negativbeispiel: Taktlosigkeit

Warum ist dies keine sonderlich gute Idee? Glauben Sie ja nicht, dass jeder Mitarbeiter einen solchen „Wink mit dem Zaunpfahl" versteht. Versteht er ihn nicht, war die Übung umsonst. Versteht er ihn, ist er wahrscheinlich beleidigt. Ein guter Vorgesetzter kommuniziert das Problem offen im direkten Gespräch – und das taktvoll.

Im Gegensatz zu Tadelsgesprächen, wo ein Zeuge manchmal wünschenswert ist, und zu Entlassungsgesprächen, wo ein Zeuge unverzichtbar ist, bleibt das Gespräch „zum heiklen Thema" eine Angelegenheit zwischen zwei Menschen. In unserem Fall sind dies der Vorgesetzte und sein Mitarbeiter.

> **Gespräche „zum heiklen Thema" sind grundsätzlich vertrauliche Vieraugengespräche.**

Gesprächsablauf

Der hier vorgeschlagene Gesprächsablauf hat sich bewährt. Sie müssen ihn jedoch konsequent und strikt einhalten.

	Thema	**Konkrete Formulierung**
1	**Kurzer, positiver Gesprächsein- stieg**	*„Ich freue mich, Sie zu sehen."*
2	**Akzeptanz einholen**	*„Darf ich Ihnen etwas Persönliches sagen?"*
3	**Akzeptanz verifizieren**	*„Darf ich wirklich?"*
4	**Heikles Thema offen ansprechen**	*„Ist Ihnen schon aufgefallen, dass ..."*
5	**Hilfe anbieten**	*„Kann ich Ihnen helfen, das zu ändern?"*
6	**Akzeptanz nochmals erfragen**	*„Habe ich Ihnen das sagen dürfen?"*
7	**Vertrauensbeweis und ggf. weiteres Vorgehen**	*„Schön, dass wir dieses heikle Thema so offen besprechen konnten. Darf ich Sie im Bedarfsfall wieder darauf aufmerksam machen?"*

140

Phase 1: Kurzer, positiver Gesprächseinstieg
Wie immer beginnen Sie auch dieses Gespräch positiv.

Phase 2: Akzeptanz einholen
Bei der Frage, ob Sie ihm etwas Persönliches sagen dürfen, merkt der Mitarbeiter instinktiv, dass nun wahrscheinlich etwas Unangenehmes kommt. Haben Sie keine Angst. Kein Mitarbeiter wird Ihnen diese Frage mit „Nein" beantworten.

Phase 3: Akzeptanz verifizieren
Es ist nun sehr wichtig, nachzufragen: *„Darf ich wirklich?"* Der Mitarbeiter weiß spätestens jetzt, dass etwas kommuniziert wird, was unangenehm sein dürfte und ihn persönlich betrifft. Auch bemerkt er, dass es Ihnen ernst ist.

Phase 4: Heikles Thema offen ansprechen
Nun können Sie das Thema offen ansprechen, weil der Mitarbeiter Ihnen ja zweimal bekundet hat, dass Sie ihm etwas sehr Persönliches sagen dürfen.

Phase 5: Hilfe anbieten
Auch wenn es in der Regel nicht notwendig ist – bieten Sie dem Mitarbeiter Ihre Hilfe und Unterstützung an. Dies ist ein Zeichen großer Wertschätzung.

Phase 6: Akzeptanz nochmals erfragen
Fragen Sie nun in jedem Fall nochmals, ob Sie dem Mitarbeiter sagen durften, was Sie ihm gesagt haben. Auch diese Frage wird Ihnen der Mitarbeiter mit „Ja" beantworten. Damit haben Sie sichergestellt, dass Ihnen der Mitarbeiter für Ihr „offenes Wort" nicht böse ist.

Phase 7: Vertrauensbeweis (und ggf. weiteres Vorgehen)
Abschließend bedanken Sie sich für das offene Gespräch zum heiklen Thema. Es ist generell ratsam und führt zu einer tiefen menschlichen Bindung, wenn Sie noch fragen, ob Sie im

Bedarfsfall wieder so offen mit Ihrem Mitarbeiter sprechen dürfen. Ich kenne keinen Mitarbeiter, der hierzu je „Nein" gesagt hätte.

Wenn der Mitarbeiter ablehnt Und wenn der Mitarbeiter nun doch „Nein" sagt auf die Frage, ob Sie ihm als Vorgesetzter etwas Persönliches sagen dürfen? Dieser Fall ist mir noch nicht vorgekommen. Er ist äußerst unwahrscheinlich. Sollten Sie diesen Fall dennoch erleben, haben Sie keine Skrupel, die deutliche Wahrheit zu sagen: *„Dann sage ich es Ihnen trotzdem: Sie riechen unangenehm und müssen etwas dagegen tun, weil es Ihre Kollegen stört."*

Nehmen Sie sich in jedem Fall Zeit und Ruhe für ein heikles Gespräch. Gehen Sie das Gespräch im Vorhinein gedanklich durch. Wenn Sie gut vorbereitet sind, kann es nicht schief gehen.

Übung 21: „Der Stinker"
Ein Mitarbeiter riecht extrem nach Schweiß. Man muss davon ausgehen, dass er sich nicht täglich duscht. Auch wechselt er die Kleidung eher selten. Seine Kollegen machen sich hinter seinem Rücken über den „Stinker" natürlich lustig. Sie entscheiden sich, mit ihm das Gespräch zu suchen, und bereiten sich mit der Checkliste am Ende dieses Kapitels vor.

Übung 22: „Mundgeruch"
Ein Mitarbeiter hat chronischen Mundgeruch. (Mundgeruch kann vielfältige Ursachen haben und ist nicht nur ein Symptom mangelnder Zahnhygiene.) Mundgeruch ist in der Regel sehr störend – für die Umgebung. Der Betroffene bemerkt ihn selten selbst. Sie werden mit dem Mitarbeiter sprechen und bereiten sich mit der Checkliste vor.

Übung 23: „Das Liebeselixier"
Ihre Sekretärin kommt montags – in eine „Parfumwolke" eingehüllt – ins Büro. Es ist ein Geschenk ihres Freundes. Das ein-

zig Dumme an der Sache ist, dass der Geruch dieses Parfums bei Ihnen Übelkeit hervorruft. Nachdem es auch am Dienstag nicht besser geworden ist, überwinden Sie sich, das Gespräch zu suchen. Was sagen Sie der Sekretärin? Bereiten Sie sich mit der unten stehenden Checkliste vor.

Welche Schlüsse möchten Sie aus diesem Kapitel für sich selbst ziehen?

Checkliste zur Reflexion und Rekapitulation:

Wie führen Sie Ihr nächstes Gespräch zu einem heiklen Thema?		
	Thema	**Konkrete Formulierung**
1	Kurzer, positiver Gesprächsein-stieg	
2	Akzeptanz einholen	
3	Akzeptanz veri-fizieren	
4	Heikles Thema ge-zielt ansprechen	
5	Hilfe anbieten	
6	Akzeptanz noch-mals erfragen	
7	Vertrauensbe-weis	

12 Das Zielvereinbarungsgespräch

Gemeinsame Kursbestimmung

„Mit einer langen Leine kann man besser führen als mit einem kurzen Strick."

(Hermann Lahm)

Sinn

Führen mit Zielen Immer mehr Unternehmen bekennen sich – zumindest verbal – zum „Führen mit Zielen" (*Management by Objectives*). Deshalb werden in vielen Firmen formale *Zielvereinbarungsgespräche* geführt. Sie heißen auch „Mitarbeiterbeurteilungsgespräche", „Qualifikationsgespräche" oder „Jahresgespräche". Hierbei geht es um mittelfristige Ziele, meist für ein Jahr, die der Mitarbeiter sich anhand der Unternehmensziele selbst setzt. Wichtig dabei:

> **Die Ziele sollen nicht einfach vorgegeben, sondern *gemeinsam vereinbart* werden.**

Gesprächsziele

- Im Zielvereinbarungsgespräch vereinbaren der Vorgesetzte und der Mitarbeiter die Ziele für den festgelegten künftigen Zeitabschnitt.
- Im Zielvereinbarungsgespräch beurteilt der Vorgesetzte die Leistung und das Verhalten des Mitarbeiters im festgelegten vergangenen Zeitabschnitt.

144

- Im Zielvereinbarungsgespräch beurteilt der Mitarbeiter das Führungsverhalten des Vorgesetzten im festgelegten vergangenen Zeitabschnitt.

Das folgende Ablaufdiagramm zeigt, dass das formale Zielvereinbarungsgespräch eine Kombination von Motivationsgespräch (zur Zielbestimmung) und Fördergespräch (zur Ergebnisbewertung) darstellt. Das Schema enthält kein Entlassungsgespräch und ebenfalls kein Gespräch zum heiklen Thema, da diese naturgemäß Sonderfälle darstellen, die nicht regelmäßig und selbstverständlich nicht bei allen Mitarbeitern nötig sind.

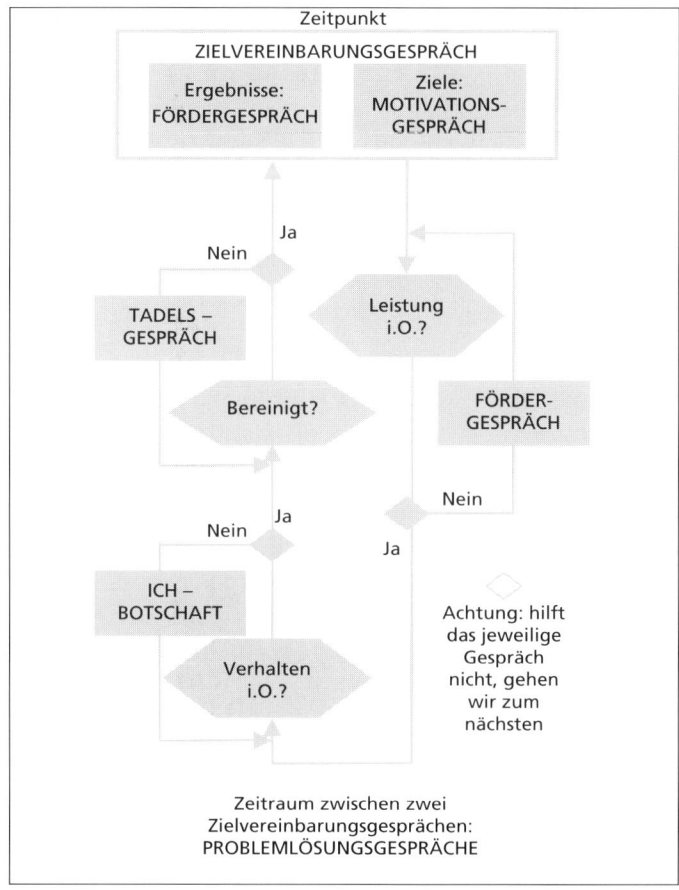

Abbildung 12.1:
Führen durch Gespräche: das Zielvereinbarungsgespräch

145

Die bisher behandelten Gesprächstypen stellen Problemlösungsgespräche zwischen den formalen Zielvereinbarungsgesprächen dar. Mit diesen Gesprächen verfolgen Sie das Ziel, Sachprobleme nicht in persönliche Konflikte ausarten zu lassen und den Mitarbeiter möglichst rasch wieder auf die Erfolgsschiene zurückzubringen. Die Unterstützung durch den Vorgesetzten hilft dem Mitarbeiter, seine Aufgaben besser in den Griff zu bekommen. Problemlösungsgespräche sind für ein erfolgreiches Führen mit Zielen unabdingbar. Sie bringen beispielsweise folgende Vorteile:

- Eine regelmäßige Kommunikation durch zahlreiche Gespräche (gemeinsame Problemlösung) verhindert Missverständnisse und ermöglicht nachträgliche Zielverdeutlichungen.
- Problemlösungsgespräche liefern dem Vorgesetzten wichtige Informationen für das jährliche Zielvereinbarungsgespräch.

Gesprächsstruktur

Sinnvoll: standardisierter Gesprächsraster

Die Durchführung und Dokumentation von Zielvereinbarungsgesprächen kann durch Standardisierung stark vereinfacht werden. Nicht sehr beliebt bei Mitarbeitern und Vorgesetzten sind jene Formulare für das Zielvereinbarungsgespräch, bei denen zur Beurteilung des Mitarbeiters eine Auswahl von bis zu 100 Kriterien angeboten wird und das Zutreffende angekreuzt werden soll. Ein gutes Zielvereinbarungsgespräch lässt sich inhaltlich wie folgt aufbauen:

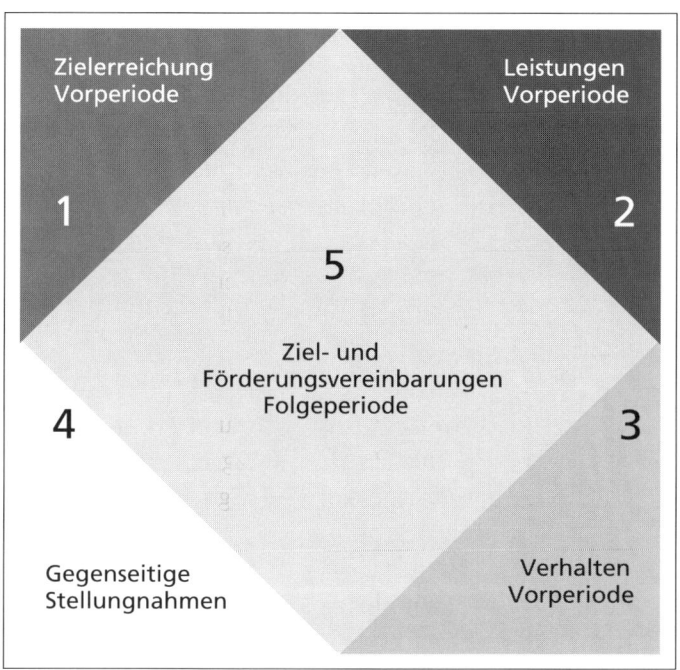

Abbildung 12.2.: Der Aufbau von Zielvereinbarungsgesprächen

Im Rahmen eines Zielvereinbarungsgesprächs ist ein Beurteilungsmaßstab unerlässlich. Dieser soll möglichst einfach und verständlich sein. Hier ein Vorschlag für ein Rating, dessen Bedeutung leicht zu vermitteln ist:

Wichtig: nachvollziehbarer Beurteilungsmaßstab

Rating	Bedeutung	Darstellung
1	klar über den Anforderungen	
2	entspricht den Anforderungen	
3	entspricht mehrheitlich den Anforderungen	
4	klar unter den Anforderungen	

Die einzelnen Ratings 1, 2, 3 und 4 werden anhand von zwei Dimensionen (Leistung/Leistungsbereitschaft und Verhalten) umschrieben. Dadurch kann jeweils klar definiert werden, was beispielsweise unter der Beurteilung 2: *„entspricht den Anforderungen"* zu verstehen ist. Die folgende Tabelle führt diese Kriterien inhaltlich weiter aus:

Rating	Leistung, Leistungsbereitschaft	Verhalten, Sozialkompetenz
1	Der Mitarbeiter erbringt überdurchschnittliche Leistungen: • übernimmt Zusatzaufgaben und erledigt sie zur vollen Zufriedenheit • erkennt Probleme frühzeitig, entwickelt vorausschauend überzeugende Lösungen	Der Mitarbeiter verhält sich überdurchschnittlich: • unterstützt und fördert die Zusammenarbeit im Team • hat hohes Verantwortungsbewusstsein • kommuniziert vorbildlich
2	Der Mitarbeiter ... • erfüllt die fachlichen Anforderungen • erkennt die zu erledigenden Aufgaben und führt sie ohne Anweisung durch	Der Mitarbeiter ... • setzt begründete Kritik im Sinne der Verbesserung um • ist offen für Änderungen • arbeitet gut mit dem Team zusammen
3	Der Mitarbeiter ... • hat fachliche Lücken	Der Mitarbeiter ... • erledigt nur, was aufgetragen ist

	• braucht oft Unterstützung und Kontrolle durch den Vorgesetzten • ist für zusätzliche Aufgaben nur schwer zu motivieren	• zeigt geringes Interesse für das Team • nimmt begründete Kritik an
4	Der Mitarbeiter ... • erfüllt die fachlichen Anforderungen in den meisten Bereichen nicht • muss oft korrigiert werden • ist neuen Aufgaben gegenüber abgeneigt	Der Mitarbeiter ... • integriert sich nicht ins Team • zeigt wenig Interesse an seiner Arbeit • ist gegenüber begründeter Kritik uneinsichtig

Für das Zielvereinbarungsgespräch eignen sich Formulare, die gleichzeitig als Vorgabe- und Nachweisdokument benutzt werden können. Nachstehend werden die verschiedenen Elemente des Formulars beispielhaft erläutert. Sie können und sollen der konkreten Situation angepasst werden.

Sinnvoll: Rating-Formulare

1 Zielerreichung Vorperiode		
Aufgabe/Ziel Vorperiode	Beschreibung und Begründung	Rating
_____	_____	❏ 1
_____	_____	❏ 2
_____	_____	❏ 3
_____	_____	❏ 4

Beurteilung der Zielerfüllung

149

Hier geht es um den Soll-Ist-Vergleich und die Frage: „*Wurden die zu Beginn der Periode vereinbarten Ziele erreicht?*" Die Leistungsbeurteilung erfolgt aufgaben- und zielorientiert. Erfasst werden die wichtigsten Aufgaben und Ziele der Vorperiode (meist Vorjahr) gemäß Zielvereinbarung im letzten Zielvereinbarungsgespräch.

Beachten Sie:

Mehr als drei Aufgaben- und Zieldefinitionen sind normalerweise nicht sinnvoll.

Bei der Beurteilung sollen unterstützende und auch behindernde Rahmenbedingungen, die der Mitarbeiter nicht beeinflussen konnte, berücksichtigt werden. Dazu gehört auch die Führung durch den Vorgesetzten. Sollen Führungskräfte beurteilt werden, ist die Wahrnehmung der Leitungsfunktion eine Leistungsaufgabe.

Beurteilung der Leistungen

2 Leistungen Vorperiode		
Beurteilungs- merkmale	Beschreibung und Begründung	Rating
● **Fachkenntnisse**	_____	❑ 1
– Wie entsprechen	_____	❑ 2
die theoretischen	_____	❑ 3
und praktischen	_____	❑ 4
Kenntnisse/Fä-	_____	
higkeiten den An-	_____	
sprüchen der ak-	_____	
tuellen Aufgabe?	_____	
– Wie eignet der	_____	
Mitarbeiter sich	_____	
fehlendes Wissen	_____	
und neue Fähig-	_____	
keiten an?	_____	

		Rating
● **Arbeitsorgani-sation** Wie plant und organisiert der Mitarbeiter Arbeitsabläufe? Wie geht er mit Arbeitsmitteln um? – Kostenbewusst-sein – Zielorientierung – Prioritätenset-zung – Arbeits- und Zeiteinteilung – Rationeller Ein-satz der Arbeits-mittel	_____ _____ _____ _____ _____ _____ _____ _____ _____ _____ _____ _____ _____ _____ _____ _____ _____	❑ 1 ❑ 2 ❑ 3 ❑ 4

In dieser Rubrik beantworten Sie die Frage: *„Wie erbringt der Mitarbeiter seine Leistung?"*

Beurteilung des Verhaltens

3 Verhalten Vorperiode		
Beurteilungs-merkmale	Beschreibung und Begründung	Rating
● **Kommunika-tionsverhalten** – Besteht Wert-schätzung ge-genüber ande-ren? – Werden Konflik-te erkannt und offen angespro-chen?	_____ _____ _____ _____ _____ _____ _____ _____ _____	❑ 1 ❑ 2 ❑ 3 ❑ 4

• **Entscheidungs- verhalten**	_____	❏ 1
	_____	❏ 2
– Erkennt er die	_____	❏ 3
Grenzen seines	_____	❏ 4
Entscheidungs- spielraums?	_____	
– Fallen Entschei- dungen zum	_____	
richtigen Zeit- punkt?	_____	
– Werden Infor- mationen zielge-	_____	
richtet be- schafft?	_____	
• **Selbstständig- keit und Eigen- initiative**	_____	❏ 1
	_____	❏ 2
	_____	❏ 3
– Werden Not-	_____	❏ 4
wendigkeiten und Freiräume	_____	
im Rahmen des Aufgabengebie-	_____	
tes erkannt?	_____	
– Werden die Auf- gaben mit Ener-	_____	
gie, Ausdauer, Durchhaltewillen	_____	
und Überzeu- gungskraft gelöst?	_____	

In dieser Rubrik beantworten Sie die Frage: „*Wie verhält sich der Mitarbeiter bei der Erbringung seiner Leistung?*"

4 Stellungnahmen	
Mitarbeiter	**Vorgesetzter**
Was schätze ich an Ihnen? _____ _____	Was schätze ich an Ihnen? _____ _____
Was stört mich? _____ _____	Was stört mich? _____ _____
Was wünsche ich mir? _____ _____	Was wünsche ich mir? _____ _____
Zum Ablauf dieses Gesprächs: _____ _____	Zum Ablauf dieses Gesprächs: _____ _____
Ist die Stellenbeschreibung noch aktuell?	
Stimmen Aufgaben, Verantwortung, Kompetenzen noch?	Überarbeiten? ● Ja ● Nein

Stellungnahme durch Mitarbeiter und Vorgesetzten

Im Gespräch nehmen Mitarbeiter und Vorgesetzter gegenseitig zu den oben genannten Fragen Stellung. Auch zum Ablauf des Gesprächs als solches soll hier Position bezogen werden. Ist einer der Beteiligten mit dem Gesprächsverlauf nicht zufrieden, wird die vorgesetzte Stelle informiert. Diese lädt dann zu einem Folgegespräch ein.

Aus Gründen der Qualitätssicherung wird man im Rahmen des Zielvereinbarungsgesprächs auch überprüfen, ob die Stellenbeschreibung (Funktionsbeschreibung, Pflichtenheft und Ähnliches) noch aktuell ist oder geändert werden muss.

153

5 Ziel- und Förderungsvereinbarungen für das kommende Jahr		
Zielvereinbarung	**Maßnahmen**	**Termin(e)**
———————	———————	— — — —
———————	———————	— — — —
———————	———————	— — — —
———————	———————	— — — —
———————	———————	— — — —
———————	———————	— — — —
Berufliche Wünsche des Mitarbeiters (Weiterbildungsmaßnahmen)		

Auch Weiterbildungswünsche und -bedürfnisse sollen im Zielvereinbarungsgespräch angesprochen werden.

Schließlich wird der Mitarbeiter bezogen auf die Vorperiode abschließend beurteilt. Wenn ein gutes Formular zur Verfügung steht, ist diese Beurteilung einfach vorzunehmen:

Zusammenfassende Beurteilung				
Rating	**1**	**2**	**3**	**4**
Zielerreichung Vorperiode	❑	❑	❑	❑
Leistungen Vorperiode	❑	❑	❑	❑
Verhalten Vorperiode	❑	❑	❑	❑
Gesamtbeurteilung (nur 1 Beurteilung möglich)	❑	❑	❑	❑

Dann wird das Formular gemeinsam unterzeichnet.

	Datum	Unterschrift
Mitarbeiter ❏ Einverstanden ❏ Nicht einverstanden	_____	_____
Beurteilender Vorgesetzter	_____	_____
Vorgesetzte Stelle	_____	_____

Erfolgsfaktoren

Die folgenden Fragen (nach Jetter und Skrotzki [Hrsg.]: Handbuch Zielvereinbarungsgespräche) helfen dem Vorgesetzten und dem Mitarbeiter, das Zielvereinbarungsgespräch erfolgreich zu gestalten:

Fragen für den Vorgesetzten	Fragen für den Mitarbeiter
Stimmen die Ziele mit Unternehmens- und Bereichszielen, den Schwerpunktaufgaben und den eigenen Vorstellungen überein?	Stimmen die Ziele mit Unternehmens- und Bereichszielen, den Schwerpunktaufgaben und den eigenen Vorstellungen überein?
Kann ich Ideen und Erwartungen meiner Mitarbeiter einbinden?	Kann ich aus meinem Aufgabengebiet heraus eigene Ideen und Vorstellungen in das Gespräch einbringen?
Kann ich Kriterien, anhand derer die Ziele bewertet und gemessen werden können, gemeinsam vereinbaren?	Werden Mess- und Bewertungsgrößen für die Zielerreichung festgelegt?

Kann ich den Beitrag zu den übergeordneten Zielen verständlich machen?	Sind die Ziele realistisch und haben sie Bezug zu den übergeordneten Zielen?
Hat der Mitarbeiter die für die Zielerreichung nötigen Informationen, Handlungs- und Entscheidungskompetenzen?	Habe ich die notwendigen Informationen, Handlungs- und Entscheidungskompetenzen?
Lasse ich Gestaltungsspielräume?	Habe ich Gestaltungsspielräume?

Risiken und Probleme

Es ist hier nicht der Ort, die ganze Problematik der Verknüpfung des Führens mit Zielen mit Belohnungssystemen ausführlich zu diskutieren. Ohne materielle Anreize gibt es kein Unternehmertum – das gilt auch für unsere Mitarbeiter. Eines steht deshalb zweifellos fest:

Ein Unternehmen muss seinen Führungskräften und Mitarbeitern erfolgsabhängige Vergütungen bieten, wenn es die Unternehmertypen langfristig an sich binden will.

Materielle Anreize Was immer Sie sich zur materiellen Belohnung ausdenken – bedenken Sie die folgenden drei Punkte:

1. Wer die vereinbarten Ziele erreicht, hat grundsätzlich noch keinen Anspruch auf eine Belohnung. Er hat nur das getan, wofür er bezahlt wird.
2. Das „gerechte" Belohnungssystem ist noch nicht erfunden.
3. Erwarten Sie von Ihren Mitarbeitern keinen Teamgeist und keine erfolgreiche Teamarbeit, wenn Sie am Ende der Periode die Belohnung individuell ausrichten wollen.

156

Vor allem in der Einführungsphase von *Management by Objectives* haben viele Mitarbeiter auch Ängste zu überwinden. Unten stehende Tabelle gibt eine Übersicht über Chancen, Risiken und Befürchtungen, die im Zusammenhang mit „Führen mit Zielen" zu gewärtigen sind.

Chancen	Befürchtungen
Orientierung und Transparenz der Anforderungen	Permanente Leistungsschraube
Erleichterung der Prioritätensetzung	Einseitige Zielvorgaben ohne echte Vereinbarung
Einbindung in Entscheidungsprozesse	Mehr Konkurrenz durch Kollegen
Größere Eigeninitiative	Zu viel Verantwortung
Mehr Gestaltungsmöglichkeiten	Verlust kollektiver Schutzregelungen
Mehr Verantwortung	Überforderung
Objektivere Beurteilungsmöglichkeiten	Gefahr von Mobbing durch Kollegen
Definierte(re) Arbeitsbedingungen	Zu enge Terminabsprachen
Abbau von Bevormundung durch Vorgesetzte	„Versagen" wird erkennbar
Höhere Motivation	Selbstausbeutung
Bessere Kommunikation	Schlechtere Zusammenarbeit im Team
Chancen der persönlichen Entwicklung	Individualisierung der Arbeitsbedingungen

Chancen und Ängste bezüglich *Management by Objectives*

Nehmen Sie diese Ängste ernst und heben Sie die Chancen zielorientierter Führung hervor. Betonen Sie die Freiräume und Mitwirkungsmöglichkeiten, die sich für den Mitarbeiter ergeben. Voraussetzung für erfolgreiche Zielvereinbarungen ist ein durchgehender Zielsetzungsprozess. Der Mitarbeiter muss strategische Ziele nachvollziehen können. Dazu müssen diese bis auf die Stufe der einzelnen Stelle heruntergebrochen werden. Das sieht schematisch folgendermaßen aus:

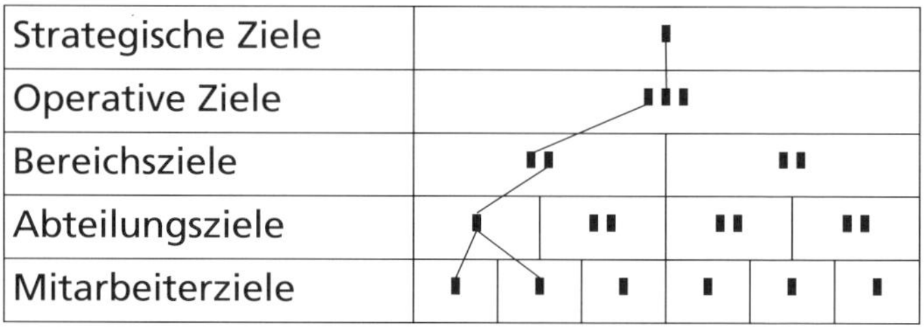

Strategische Ziele				
Operative Ziele				
Bereichsziele				
Abteilungsziele				
Mitarbeiterziele				

Abbildung 12.3: Die Zielhierarchie

Wichtig:
Die Strategie muss
stimmen

Ein erstes Problem liegt darin, dass eine solche Zielhierarchie nur in wenigen Unternehmen konsequent verwirklicht ist. Das zweite Problem, das oft noch schwerwiegender ist, liegt in der Strategie selbst. Ist die Strategie falsch, kann das ganze Zielgefüge darunter noch so vorbildlich sein – man wird scheitern. Und es ist meist sehr schwierig und braucht Mut, solche Fehler von hierarchisch tiefer gelegener Position aus anzusprechen, geschweige denn, auszumerzen.

Dennoch:

Führen heißt: Ergebnisse produzieren. Zögern Sie darum nicht, mit Zielvereinbarungen zu führen. Sie finden auch ohne durchgängigen Zielsetzungsprozess im Unternehmen für jeden Mitarbeiter zwei bis drei Ziele, deren Erreichen sich lohnt – für ihn und für die Firma.

Übung 24: Die Zielhierarchie
Überlegen Sie sich, ob es in Ihrem Unternehmen eine durchgängige Zielhierarchie gibt. Sie können so feststellen, ob ein echtes „Führen mit Zielen" überhaupt möglich ist.

Zielhierarchie im Unternehmen

Ziele	Beispiel	Mein Unternehmen
strategisch	Marktanteil im bestehenden Geschäft erhöhen	_____
operativ	Marktanteil weltweit um 5 Prozent erhöhen	_____ _____ _____
Abteilung Verkauf	In Gebieten mit niedrigem Marktanteil wachsen	_____ _____ _____
Verkauf Europa	Umsatzplus für bestehende Produkte: 10 Prozent	_____
Verkauf Deutschland		_____ _____ _____
Verkäufer 1	Umsatzsteigerung *Produkt A:* 15 Prozent *Produkt B:* 5 Prozent	_____ _____ _____

Welche Schlüsse möchten Sie aus diesem Kapitel für sich selbst ziehen?

Sind Rating-Formulare für Zielvereinbarungsgespräche in Ihrem Unternehmen vorhanden? Wenn nicht, finden Sie hier Beispiele, die Sie nach Ihren Bedürfnissen modifizieren können.

Checklisten zur Reflexion und Rekapitulation:

Wie möchten Sie Ihr nächstes Zielvereinbarungs-gespräch führen?				
Abteilung: _____ Mitarbeiter: _____ Datum: _____ Vorgesetzter: _____				
Zusammenfassende Beurteilung				
Rating	1	2	3	4
Aufgabenerfüllung / Zielerreichung				
Leistung Vorperiode				
Verhalten Vorperiode				
Gesamtbeurteilung (nur eine Beurteilung möglich!)				

		Datum	Unterschrift
Mitarbeiter/in			
Einverstanden			
Nicht einver- standen			
Beurteilender Vorgesetzter			
Nächsthöherer Vorgesetzter			

Aufgabenerfüllung / Zielerreichung des Vorjahres: *Was wurde geleistet?*		
Aufgabe / Ziel Vorjahr	Beschreibung und Begründung	Rating
		❏ 1 ❏ 2 ❏ 3 ❏ 4

		❏ 1 ❏ 2 ❏ 3 ❏ 4
		❏ 1 ❏ 2 ❏ 3 ❏ 4

Leistungen Vorperiode:
Wie erbringt der/die Mitarbeiterl-in die Leistung?

Beurteilungsmerk-male	Beschreibung und Begründung	Rating
• **Fachkenntnisse** – Wie entsprechen die theoretischen und praktischen Kenntnisse und Fähigkeiten den Ansprüchen der aktuellen Aufgabe? – Wie eignet der Mitarbeiter sich fehlendes Wissen und neue Fähigkeiten an?		❏ 1 ❏ 2 ❏ 3 ❏ 4
• **Arbeitsorganisation** Wie plant und organisiert der Mitarbeiter Arbeitsabläufe?		❏ 1 ❏ 2 ❏ 3 ❏ 4

– Kostenbewusst-sein – Zielorientierung – Prioritätenset-zung – Arbeits- und Zeit-einteilung – Rationeller Ein-satz der Arbeits-mittel		
fakultativ, weitere Besprechungspunkte		❏ 1 ❏ 2 ❏ 3 ❏ 4

Verhalten Vorperiode:
Kommunikation, Entscheiden, Eigeninitiative

Beurteilungsmerk-male	Beschreibung und Begründung	Rating
● **Kommunikations-verhalten** – Besteht Wert-schätzung gegen-über andern? – Werden Konflikte erkannt und offen angesprochen?		❏ 1 ❏ 2 ❏ 3 ❏ 4
● **Entscheidungs-verhalten** – Erkennt er die Grenzen seines Entscheidungs-spielraums?		❏ 1 ❏ 2 ❏ 3 ❏ 4

– Fallen Entscheidungen zum richtigen Zeitpunkt? – Werden Informationen zielgerichtet beschafft?		
● **Selbstständigkeit und Eigeninitiative** – Werden Notwendigkeiten und Freiräume im Rahmen des Aufgabengebietes erkannt? – Werden die Aufgaben mit Energie, Ausdauer, Durchhaltewillen und Überzeugungskraft gelöst?		❏ 1 ❏ 2 ❏ 3 ❏ 4

Stellungnahmen (im Gespräch ausfüllen)	
Mitarbeiter	**Vorgesetzter**
Bemerkungen	
Was schätze ich an Ihnen? Was stört mich?	Was schätze ich an Ihnen? Was stört mich?

Was wünsche ich mir?	Was wünsche ich mir?

Zum Ablauf dieses Zielvereinbarungsgesprächs

Ist das Pflichtenheft noch aktuell?

Stimmen Aufgaben, Verantwortung, Kompetenzen noch?	Überarbeiten? – Ja – Nein

Ziel- und Förderungsvereinbarungen für das kommende Jahr

Konkrete Ziele	Maßnahmen	Termin(e)

Berufliche Wünsche des Mitarbeiters / der Mitarbeiterin

13 Führen ist Macht

Auf Sie kommt es an

„Einen Brigadegeneral kann ich in fünf Minuten ernennen. Aber hundertzehn Pferde sind nicht so leicht zu ersetzen."

(Abraham Lincoln)

Autorität(en)

Meistens werden Mitarbeiter aufgrund herausragender *fachlicher* Leistungen befördert:

● Fachlich hervorragende Ärzte werden zum Chefarzt ernannt.
● Fachlich hervorragende Laboranten werden Cheflaboranten.
● Fachlich hervorragende Wissenschaftler werden Hochschulprofessoren.

Die Reihe von Beispielen ließe sich beliebig fortsetzen.

Die *fachliche Autorität*, die jemand hat, führt in der Regel zu seiner Beförderung. Mit der Beförderung wird ihm automatisch Führungsmacht und Führungsverantwortung übertragen. Ein Vorgesetzter hat aufgrund seiner Position *institutionelle Autorität*. Er hat von Amts wegen die Macht, auf das Verhalten seiner Mitarbeiter Einfluss zu nehmen.

Fachliche und institutionelle Autorität

Man geht oft – fälschlicherweise – davon aus, dass jemand mit großer fachlicher Autorität auch Führungsfähigkeiten besitzt. Mit der Beförderung schlägt man dann „zwei Fliegen mit einer Klappe": Man hat eine ausgewiesene Fachkraft weniger und eine schlechte Führungskraft mehr ...

Die *institutionelle Autorität*, die uns mit einer Beförderung übertragen wird, reicht heute nicht mehr aus, um nachhaltig erfolgreich zu führen. Die Zeiten sind vorbei, wo Titel und Status allein genügten, um von den Mitarbeitern langfristig akzeptiert zu werden.

Auch die *fachliche Autorität* nimmt ab, je höher jemand in der Hierarchie einer Organisation aufsteigt. Dies deshalb, weil die Führungskraft von ihrem ursprünglichen Fachgebiet wegdriftet.

Entscheidend: persönliche Autorität

Heute ist allgemein akzeptiert, dass die *persönliche Autorität*, die Art also, mit der ein Mensch das soziale Miteinander verbindlich zu gestalten in der Lage ist, über den langfristigen Führungserfolg entscheidet. Wenn sich die persönliche Autorität jedoch nicht mit fachlichen Fähigkeiten verbindet, hat auch sie nur bedingt Wirkungskraft.

Wer über *persönliche Autorität* verfügt, kann andere Menschen dazu bringen, das zu tun, was er wünscht, weil sie anhand seines eigenen Lebens und Handelns anerkennen, dass seine Forderungen berechtigt sind.

Menschen, die über persönliche Autorität verfügen, zeichnen sich durch drei Merkmale aus:

Abbildung 13.1: Die Kennzeichen persönlicher Autorität

Ich-Stärke

Unter *Ich-Stärke* verstehen wir die Bereitschaft, sein *Ich* – also seine Gedanken, seine Wahrnehmungen und seine Empfindungen – mit anderen Menschen zu teilen. Die Ich-starke Führungspersönlichkeit wünscht von den Mitarbeitern ehrliches Feedback und schenkt ihnen Vertrauen. Die Ich-starke Persönlichkeit ist nicht nur in der Lage, Kritik zu ertragen, sondern sie ist sich selbst gegenüber kritisch eingestellt.

Führungskräfte, denen es an Ich-Stärke fehlt, erkennen wir leicht daran, dass sie sich beim geringsten Ansatz von Kritik reflexartig zu rechtfertigen beginnen. An solchem Verhalten bemerken die Mitarbeiter sofort, dass Feedback eigentlich gar nicht erwünscht ist. Solche Führungskräfte beklagen sich oft darüber, dass sie keine fähigen Mitarbeiter haben. Ihnen fehlt das Vertrauen zum Mitarbeiter, weil ihr Selbstvertrauen mangelhaft ist.

Kritikfähigkeit – Kennzeichen von Ich-Stärke

Ich-Balance

Über *Ich-Balance* verfügt ein Mensch, wenn er seine Stärken kennt und seine Schwächen akzeptieren kann. Menschen mit überragenden Fähigkeiten und Stärken zeichnen sich oft durch eine sprichwörtliche Bescheidenheit aus. Trotz ihrer Größe sind sie sich ihrer Unzulänglichkeiten durchaus bewusst.

Akzeptanz von Stärken und Schwächen – Kennzeichen von Ich-Balance

Führungskräfte, denen die Ich-Balance abgeht, benötigen Statussymbole, um ihre „Überlegenheit" zu manifestieren. Sie definieren sich über die Position in der Firma, über Titel und über die gesellschaftliche Stellung. Das kann lächerliche Formen annehmen:

In einem Unternehmen arbeitete ein sehr begüterter Mann, allerdings nicht in einer Führungsposition. Eines Tages kaufte er sich einen für seine Stellung vergleichsweise teuren Wagen. Sein

Beispiel: Neidreaktion aus mangelnder Ich-Balance

Vorgesetzter griff, als er ihn in dem noblen Auto kommen sah, umgehend zum Telefonhörer und fragte ihn in verärgertem Ton, ob er sich einen solch teuren Wagen überhaupt leisten könne.

Ein Vorgesetzter mit Ich-Balance würde vielleicht nicht einmal merken, dass sein Mitarbeiter einen großen Wagen fährt – und falls doch, würde ihn das eher freuen und er würde das auch so kommunizieren.

Ich-Identität

Zu sich selbst stehen – Kennzeichen von Ich-Identität

Ich-identische Persönlichkeiten bejahen ihr Alter, ihre Herkunft, ihren Bildungsweg, das Gelingen oder Misslingen einer Aufgabe. Sie meiden die Lüge zugunsten der authentischen, also wahren Aussage. Sie haben den Mut, auch unangenehme Wahrheiten zu vertreten und zu kommunizieren. Sie bleiben sich selbst treu und pflegen eine offene Kommunikationskultur mit ihren Mitarbeitern. Menschen ohne Ich-Identität brauchen vermeintliche Identifikationsfiguren (nicht zu verwechseln mit echten Vorbildern!), an denen sie sich oberflächlich orientieren. Und das, ohne die Vorstellungen dieser „Vorbilder" ernsthaft anzunehmen. Wer sich selbst nicht akzeptiert, kann auch einen anderen nicht wirklich akzeptieren. Als Krücke dienen Menschen ohne Ich-Identität wiederum oft Statussymbole. Hier ein Negativbeispiel, wie sich Ich-unidentische Mitarbeiter der mittleren und gehobenen Führungsebenen häufig verhalten:

Negativbeispiel: mit dem Strom schwimmen

In der Generaldirektion einer global tätigen Großbank gehört es „zum guten Ton", am Arbeitsplatz verfügbar zu sein, solange der Generaldirektor in seinem Büro anwesend ist. Verlässt der Generaldirektor sein Büro, kann man davon ausgehen, dass sich die übrigen Büros innerhalb von fünf Minuten auch leeren ...
In derselben Bank gehört es sich ebenfalls, am Samstagvormittag zu „arbeiten" – weil der Generaldirektor dies auch tut.

Manche hochrangige Mitarbeiter pflegen also samstäglich ihren Arbeitsplatz aufzusuchen, nur um dort die Zeitung zu lesen. Man war da und wurde gesehen, und das zählt ...

Zusammenfassend lässt sich persönliche Autorität mit dem Begriff „Glaubwürdigkeit" umschreiben:

Entscheidend für die eigene Autorität: Glaubwürdigkeit

> **Glaubwürdigkeit ist der Gradmesser für die persönliche Autorität einer Führungskraft. Sie bedeutet absolute Übereinstimmung zwischen Wort und Tat und ist das einzige Rezept für langfristigen Führungserfolg.**

Glaubwürdigkeit – der sorgsame Umgang mit Machtbefugnissen

Über die Glaubwürdigkeit entscheidet vor allem der sorgsame Umgang mit den Machtbefugnissen, die einer Führungskraft zur Verfügung stehen. Diese dürfen nur einem einzigen Zweck dienen:

Die große Versuchung: Machtmissbrauch

> **Eine Führungskraft hat stets den Auftrag, die ihr übertragene Macht dazu zu verwenden, Mitarbeiter auf die Ziele der Organisation hin zu beeinflussen und gemeinsam mit ihnen die erwarteten Ergebnisse zu erzielen.**

In jüngerer Zeit sind Topführungskräfte zunehmend in die negativen Schlagzeilen geraten. Manche Konzernleiter haben die Firmen, die sie leiteten, nicht nur in den Ruin geführt. Sie haben auch ungehindert dreistellige Millionenbeträge „abgezockt", während zahlreiche Mitarbeiter gleichzeitig ihre Altersvorsorgegelder verloren haben. Die Frage, ob *„Corporate Gouvernance"* solchen Machtmissbrauch verhindern kann, muss verneint werden, bis es gelingt, sicherzustellen, dass sich Topführungskräfte nicht mehr weitgehend selbst kontrollieren können.

Im Allgemeinen sprechen wir von Machtmissbrauch, wenn Mitmenschen und Organisationen dazu benutzt werden, eigene Bedürfnisse zu befriedigen. Bei Führungskräften beginnt der Machtmissbrauch jedoch schon viel früher:

> **Wir missbrauchen unsere Macht bereits dann, wenn die Zielerreichung unserer Organisation gefährdet ist oder Mitarbeiter unter dem Verhalten eines Einzelnen leiden und wir nichts dagegen unternehmen.**

Solange wir die uns im Rahmen unserer Führungsaufgabe zur Verfügung stehende Macht dazu verwenden, Zielsetzungen in Ergebnisse zum Wohl des Unternehmens zu verwandeln und das Zusammenleben der Mitarbeiter in der Gruppe zu fördern, ist gegen Macht nichts einzuwenden.

Die Gefahr des Machtmissbrauchs liegt allerdings auch darin, dass die Macht unmerklich als persönliche Eigenschaft oder Fähigkeit wahrgenommen wird. Die Tatsache, dass Macht „sexy" macht, leistet dieser Gefahr Vorschub. Mächtige Menschen – und Führungskräfte haben Macht! – sollten deshalb das am Kapitelanfang erwähnte Zitat von Abraham Lincoln verinnerlichen:

> **Jede – auch die beste! – Führungskraft ist im Bedarfsfall wesentlich leichter zu ersetzen als die Menschen, die die Arbeit tun.**

Diesen Menschen aber gilt das Ziel aller Führungsbemühungen. Überlegen Sie sich gut, wie Sie mit Ihrer Macht umgehen (siehe auch Kapitel 2 „Was Führen schwierig macht"). Auf Sie kommt es an!

170

Dem an der Sache und an den Interessen der Mitarbeiter ausgerichteten, zielorientierten Umgang mit Macht dienen die in diesem Buch beschriebenen Führungsgespräche. Deshalb:

„Reden ist Gold", vorausgesetzt, wir reden „richtig"!

Anhang: Lösungen zu den Übungen

Übung 1 (Seite 18): Die Führungsmaxime

Risiken bei der beschriebenen Führungskonsequenz, die sich an der Einhaltung festgelegter Spielregeln ausrichtet, sind beispielsweise:

- Die Führungskräfte sind gezwungen, zu führen (wofür Führungskräfte übrigens bezahlt werden ...).
- Wenn man konsequent zu führen beginnt, erhöht sich (kurzfristig!) die Fluktuation im Unternehmen. Dies, weil nicht jeder Mitarbeiter sich an vereinbarte Regen halten will oder kann.
- Die Führungskräfte sind gefordert, sich auch selbst konsequent an die vereinbarten Regeln zu halten (ein Gedanke, der manche Führungskräfte erschauern lässt ...).

Übung 2 (Seite 29): Bodenhaftung

Hier ein paar Möglichkeiten:

- An Sitzungen unterstellter Abteilungen als Beobachter teilnehmen.
- Ehrlich um Feedback bitten.
- Nachdem ein Thema besprochen wurde, die Frage „Was spricht dagegen?" konkret beantworten lassen.
- Vor Ort gehen und mit Mitarbeitern „an der Front" reden.
- Ein hierarchieunabhängiges Gesprächsforum etablieren.
- Eine „Klagemauer" (etwa Pinnwand) einrichten, wo Mitarbeiter ihre Beobachtungen und Bemerkungen anbringen können.

Übung 3 (Seite 38): Innere Kündigung

Hier eine Auswahl denkbarer Möglichkeiten für eine innere Kündigung:

- Der Mitarbeiter hat zwar einen (sogar in einer Stellenbeschreibung niedergelegten) klar umrissenen Verantwortungs- und Kompetenzbereich. Sein Vorgesetzter greift jedoch ständig in seinen Aufgabenbereich ein.
- Der Vorgesetzte hört sich zwar die Vorschläge des Mitarbeiters an, lässt sich jedoch auf keine ernsthaften Diskussionen ein.
- Der Mitarbeiter erfährt nie genau, warum der Vorgesetzte in der einen oder anderen Art entschieden hat.
- Jeder gute Vorschlag wird vom Vorgesetzten nach dem Motto „Das geht nicht" oder „Das haben wir früher schon probiert" abgeschmettert.
- Der Mitarbeiter sieht, dass Kollegen, die keine Initiative (mehr) entwickeln, in keiner Weise benachteiligt werden. Im Gegenteil, man lässt sie eher in Ruhe, weil von ihnen „keine Gefahr" ausgeht.
  (Die Reihe kann beliebig fortgesetzt werden).

Übung 4 (Seite 44): Mut zur Wahrheit

So können Sie dafür sorgen, dass Ihre Mitarbeiter Ihnen die Wahrheit sagen:

- Sagen Sie – wenn Sie etwas sagen – immer die Wahrheit.
- Verlangen Sie von Ihren Mitarbeitern, über schlechte Nachrichten stets als Erster informiert zu werden.
- Holen Sie sich gegebenenfalls mehrere Meinungen ein.
- Wurden Sie ehrlich informiert, bedanken Sie sich offen dafür (besonders bei negativen Meldungen).
- Kommunizieren Sie Ihr Missfallen, wenn Sie belogen wurden. Machen Sie den Mitarbeiter darauf aufmerksam, dass Sie unwahre Aussagen künftig nicht mehr tolerieren werden.

Übung 5 (Seite 50): Finden Sie die vier Gesprächsebenen

- Sachebene: „Die Arbeitslosigkeit muss kein Schicksal sein."
- Beziehungsebene: „Mit meiner Hilfe können Sie nicht rechnen."
- Selbstoffenbarungsebene: „Ich möchte nicht verantwortlich gemacht werden."
- Appellebene: „Helfen Sie sich selbst."

Übung 7 (Seite 66): Welche Wirkung hat unser Verhalten auf unser Gegenüber?

In den Punkten 2, 5, 9 und 12 wird Verständnis gezeigt. Die übrigen Verhaltensweisen lösen eher Gefühle der Ablehnung, des Unbehagens und des Missverstehens aus.

Übung 8 (Seite 72): Was wollen Sie erreichen?

1. Tankstellenfrust
Minimalziel: Der Tankwart muss mir eine Rechnung schicken.

2. Ärger im Restaurant
Minimalziel: Ich verlange eine qualitativ einwandfreie Mahlzeit, die rasch hergerichtet werden kann (und bezahle das Steak selbstverständlich nicht).

Übung 12 (Seite 90): Motivationsgespräch zur Urlaubsplanung:

	Thema	Konkrete Formulierung
1	Kurzer, positiver Gesprächseinstieg	*„Schön, dass Sie kommen konnten."*

2	Reizvolles Ziel darstellen	*„Sie wissen ja, dass wir zur Zeit der Schulsommerferien stets personelle Engpässe haben. Selbstverständlich genießen Mitarbeiter mit schulpflichtigen Kindern in dieser Zeit ein Vorrecht, Urlaub zu nehmen. Unser Ziel ist ja, allen Mitarbeitern in dieser Hinsicht größtmögliche Freiheit zu gewähren. Allerdings müssen wir dafür sorgen, dass wir auch in der Sommerferienzeit den Verpflichtungen unseren Kunden gegenüber nachkommen können."*
3	Mitarbeiter gewinnen	*„Das sehen Sie doch sicher auch so!"*
4	„Ja"-Reaktion abwarten	*„Ja!"*
5	Volle Anerkennung zollen	*„Gut, dass wir uns hier einig sind!"*
6	Weg beschreiben ❏ offen ☒ favorisiert ❏ festgelegt	*„Wir haben nun folgendes Problem: Drei Mitarbeiter mit schulpflichtigen Kindern verbringen ihren Urlaub in den ersten drei Schulferienwochen. Dummerweise haben auch drei Mitarbeiter ohne schulpflichtige Kinder zur selben Zeit ihren Urlaub beantragt. Dazu gehören auch Sie. Mindestens zwei dieser drei Mitarbeiter sollten aber in dieser Zeit hier mithelfen, die Stellung zu halten. Ich möchte Sie deshalb zu diesem frühen Zeitpunkt bitten zu prüfen, ob Sie Ihren Urlaub allenfalls auf die zweite Hälfte der Schulferienzeit oder außerhalb der Schulferienzeit planen können. Dann sind die Urlaubskosten in der Regel auch noch wesentlich billiger."*
7	Nächste Schritte vereinbaren	*„Überlegen Sie es sich doch bitte und sprechen Sie mit Ihrem Partner darüber. Ich bitte auch Ihre beiden Kollegen, eine Verschiebung ins Auge zu fassen. Teilen Sie mir doch bitte bis übermorgen, 9 Uhr, mit, ob dies möglich ist. Außerdem: Wer dieses Jahr zurücksteht, hat nächstes Jahr als Erster die Wahl."*

Inder Regel lässt sich das Problem auf diese Weise lösen. Falls nicht, müsste in einer nächsten Phase ein „festgelegter Weg" beschritten werden.

Übung 14 (Seite 109): Ich-Botschaften

	Thema	Konkrete Formulierung
1	Kurzer, positiver Gesprächseinstieg	*„Herr Müller, ich schätze Sie als Mitarbeiter sehr."*
2	Situation wertfrei darstellen	*„Sie haben alle meine Vorschläge abgelehnt und Einwände und Bedenken angemeldet, die ich nicht nachvollziehen kann."*
3	Ich-Botschaft 1	*„Ich fühle mich von Ihnen nicht ernst genommen ..."*
4	Ich-Botschaft 2	*„... und bin verunsichert."*
5	Ball abgeben	*„Was tun Sie jetzt?"*

Übung 16 (Seite 118): Tadelsgespräch bei Leistungsproblemen

	Thema	Konkrete Formulierung
1	Kurzer, positiver Gesprächseinstieg	*„Schön, dass Sie kommen konnten."*
2	Negative Tatsache, neutral ansprechen	*„Wir haben in unseren gemeinsamen Fördergesprächen ja schon öfter festgehalten, dass Sie trotz gegenseitiger Vereinbarung Ihre Leistungsziele nicht erreichen. Nun hat es wieder nicht geklappt."*
3	Urteil erfragen	*„Finden Sie das gut so?!"*
4	Selbstverurteilung abwarten	*„Nein!"*
5	Volle Anerkennung zollen	*„Es freut mich, dass Sie das auch so sehen."*
6	Konkrete Zielsetzung vereinbaren	*„Wir können nicht mehr länger damit leben, dass Sie die Vereinbarungen*

		nicht einhalten. Ich hoffe, dass sich die Sache mit diesem Gespräch erledigt. Ansonsten müssten wir uns überlegen, ob es richtig ist, dass wir weiter zusammenarbeiten."
7	**Schriftliche Gesprächsnotiz**	Eine Gesprächsnotiz, die den Gesprächsgrund (mangelnde Leistungen) und die mögliche Konsequenz (Kündigung des Arbeitsverhältnisses) enthält, sollte dem Mitarbeiter zur Unterschrift vorgelegt werden.

Übung 17 (Seite 119): Tadelsgespräch bei ständigen Verspätungen

	Thema	Konkrete Formulierung
1	**Kurzer, positiver Gesprächseinstieg**	*„Schön, dass Sie kommen konnten."*
2	**Negative Tatsache neutral darstellen**	*„Ich muss nochmals auf das Thema „Blockzeiten" zurückkommen. Wir haben unlängst vereinbart, dass auch Sie sich konsequent daran halten werden. Nun habe ich wieder feststellen müssen, dass dem nicht so ist."*
3	**Urteil erfragen**	*„Finden Sie es in Ordnung, wie Sie sich verhalten?"*
4	**Selbstverurteilung abwarten**	*„Nein!"*
5	**Volle Anerkennung zollen**	*„Es freut mich, dass wir uns einig sind."*
6	**Konkrete Zielsetzung vereinbaren**	*„Ich akzeptiere es nicht länger, dass Sie sich nicht an die Blockzeiten halten. Das nächste Mal wird es eine Abmahnung geben. Was das für ein übernächstes Mal bedeutet, brauche ich wohl nicht speziell zu erwähnen."*
7	**Schriftliche Gesprächsnotiz**	Zu diesem Zeitpunkt handelt es sich noch nicht um eine Abmahnung. Dennoch sollten Sie eine Gesprächsnotiz in Ihren Akten aufbewahren.

Übung 18 (Seite 135): Entlassung wegen mangelnder Leistung

	Thema	Konkrete Formulierung
1	Kurzer, positiver Gesprächseinstieg	*„Schön, dass Sie kommen konnten."*
2	Negative Tatsache(n) neutral darstellen	*„Wir haben ja schon einige Gespräche wegen Ihrer mangelnden Leistungen miteinander geführt. Leider sehen wir trotzdem keine Änderung zum Besseren."*
3	Ich-Botschaft	*„Ich bin mittlerweile am Ende mit meinem Latein und bin angesichts der Ausweglosigkeit der Situation zunehmend belastet. Immerhin können wir uns noch mit Wertschätzung begegnen und ich möchte, dass das auch in Zukunft so bleibt."*
4	Unwiderrufliche Kündigung kommunizieren	*„Wir haben beschlossen, das Arbeitsverhältnis mit Ihnen unter Wahrung der Kündigungsfrist von drei Monaten aufzulösen. Diese Entscheidung ist unwiderruflich!"*
5	Konkreter Verbleib	*„Wir haben uns entschieden, Sie per sofort freizustellen, weil wir denken, dass dies für Sie wie für uns so am besten ist."* Alternativ: *„Was werden Sie in der verbleibenden Zeit tun, damit ich bei möglichen Anfragen für Sie ein positives Wort einlegen kann?"*
6	Konkrete Zielsetzung vereinbaren	*„Ich weiß, wie hart eine solche Entscheidung für Sie ist. Herr Müller wird Ihnen deshalb zur Seite stehen. Er wird mit Ihnen dann auch vereinbaren, wann Sie Ihren Arbeitsplatz räumen können."*
7	Nachgespräch anbieten	*„Sie erhalten die Kündigung hier auch in schriftlicher Form. Ich bitte Sie, mir auf der Kopie den Empfang zu bestätigen."* – *„Ich bin später gerne noch für ein Gespräch mit Ihnen bereit, sofern Sie dies wünschen. Jetzt ist es wohl am besten, wenn Sie sich zusammen ins Büro (...) zurückziehen."*

Übung 19 (Seite 135): Entlassung wegen fortgesetzten Fehlverhaltens gegenüber Kollegen

	Thema	Konkrete Formulierung
1	Kurzer, positiver Gesprächseinstieg	*„Schön, dass Sie kommen konnten."*
2	Negative Tatsache(n) neutral darstellen	*„Wir haben ja schon öfter über Ihre Mühe im Umgang mit Ihren Kolleginnen und Kollegen gesprochen. Jetzt haben Sie sich gestern erneut beleidigend gegenüber Herrn Freundlich geäußert und ihn einen Idioten genannt."*
3	Ich-Botschaft	*„Ich bin sehr enttäuscht und erachte weitere Bitten an Sie, solche Äußerungen zu unterlassen, für sinnlos."*
4	Unwiderrufliche Kündigung kommunizieren	*„Wir haben deshalb beschlossen, das Arbeitsverhältnis mit Ihnen unter Wahrung der Kündigungsfrist von drei Monaten aufzulösen. Diese Entscheidung ist unwiderruflich!"*
5	Konkreter Verbleib	*„Sie werden bei Lohnfortzahlung während der Kündigungsfrist per sofort freigestellt."*
6	Begleitung	*„Herr Hug wird nun mit Ihnen ins Nebenzimmer gehen, damit Sie sich etwas fassen können. Er wird mit Ihnen dann auch vereinbaren, wann Sie Ihren Arbeitsplatz räumen können."*
7	Nachgespräch anbieten	*„Sie erhalten die Kündigung hier auch in schriftlicher Form. Ich bitte Sie, mir auf der Kopie den Empfang zu bestätigen."* – *„Ich bin später gerne noch für ein Gespräch mit Ihnen bereit, sofern Sie dies wünschen. Mehr habe ich im Augenblick nicht zu sagen."*

Übung 20 (Seite 136): Kündigung aus betrieblichen Gründen

	Thema	Konkrete Formulierung
1	Kurzer, positiver Gesprächseinstieg	*„Schön, dass Sie kommen konnten."*
2	Negative Tatsache(n) neutral darstellen	*„Sie haben ja gehört, dass sich das Unternehmen in einer substanziellen Krise befindet. Wir kommen leider nicht umhin, etliche Mitarbeiter zu entlassen, wenn wir der Firma das Überleben sichern wollen."*
3	Ich-Botschaft	*„Ich bin darüber sehr traurig, weil das bedeutet, dass wir uns von guten Mitarbeitern trennen müssen, die sich gar nichts zu Schulden kommen ließen, sondern sich im Gegenteil für das Unternehmen stets vorbildlich eingesetzt haben."*
4	Unwiderrufliche Kündigung kommunizieren	*„Dennoch muss ich Ihnen leider mitteilen, dass wir Ihnen zum 31. März 2005 unter Einhaltung der Kündigungsfrist von drei Monaten kündigen müssen. Diese Entscheidung ist unwiderruflich!"*
5	Konkreter Verbleib	*„Selbstverständlich werden wir uns bemühen, Sie anderweitig unterzubringen. Entsprechende Verhandlungen stehen an. Auch ein Sozialplan wird gegenwärtig erarbeitet."*
6	Begleitung	*„Ich weiß, wie hart diese Botschaft für Sie ist. Frau Hansen wird Ihnen deshalb jetzt zur Seite stehen. Sie wird Ihnen auch erklären, welche konkreten Schritte wir zu Ihrer Unterstützung unternehmen möchten."*
7	Nachgespräch anbieten	*„Sie erhalten die Kündigung hier auch in schriftlicher Form. Ich bitte Sie, mir auf der Kopie den Empfang zu bestätigen."* – *„Ich bin später gerne für ein Gespräch mit Ihnen bereit, sofern Sie dies wünschen."*

Übung 21 (Seite 142): Heikles Thema:'
„Der Stinker"

	Thema	Konkrete Formulierung
1	Kurzer, positiver Gesprächseinstieg	*„Schön, dass Sie kommen konnten."*
2	Akzeptanz einholen	*„Darf ich Ihnen etwas ganz Persönliches sagen?"*
3	Akzeptanz verifizieren	*„Darf ich wirklich?"*
4	Heikles Thema offen ansprechen	*„Es fällt Ihnen persönlich sicher nicht auf – aber Sie riechen oft etwas stark nach Schweiß. Sehen Sie eine Möglichkeit, dies zu ändern?"*
5	Hilfe anbieten	*„Kann ich Ihnen bei der Behebung dieses Problems gegebenenfalls helfen?"*
6	Akzeptanz nochmals erfragen	*„Habe ich Ihnen dies sagen dürfen?"*
7	Vertrauensbeweis (und ggf. weiteres Vorgehen)	*„Es fällt mir ein Stein vom Herzen, dass ich mit Ihnen dieses heikle Thema ansprechen durfte. Falls ich es wieder einmal bemerken sollte – haben Sie etwas dagegen, wenn ich es wieder anspreche?"*

Übung 22 (Seite 142): Heikles Thema:
„Mundgeruch"

	Thema	Konkrete Formulierung
1	Kurzer, positiver Gesprächseinstieg	*„Schön, dass Sie kommen konnten."*
2	Akzeptanz einholen	*„Darf ich Ihnen etwas ganz Persönliches sagen?"*
3	Akzeptanz verifizieren	*„Darf ich wiklich?"*
4	Heikles Thema offen ansprechen	*„Wahrscheinlich bemerken Sie das gar nicht, aber Sie haben einen chronischen Mundgeruch. Ist Ihnen das selber schon aufgefallen?"* ... *„Haben Sie sich schon überlegt, was Sie dagegen tun könnten?"*

5	Hilfe anbieten	„Neuerdings weiß man, dass Mundgeruch nicht einfach auf mangelnde Mundhygiene zurückzuführen ist, sondern verschiedene Ursachen haben kann. Denken Sie, das Problem selbst lösen zu können, oder kann ich Ihnen dabei helfen?"
6	Akzeptanz nochmals erfragen	„Und Sie nehmen es mir sicher nicht übel, dass ich dieses Thema angeschnitten habe?"
7	Vertrauensbeweis (und ggf. weiteres Vorgehen)	„Da bin ich aber dankbar. Darf ich es mir erlauben, Sie darauf aufmerksam zu machen, falls es nicht besser wird?" … „Selbstverständlich werde ich Ihnen auch signalisieren, falls sich das Problem gelöst hat. Toll, dass wir dieses heikle Gespräch so einvernehmlich führen konnten."

Übung 23 (Seite 142): Heikles Thema: „Das Liebeselixier"

	Thema	Konkrete Formulierung
1	Kurzer, positiver Gesprächseinstieg	„Schön, dass Sie kommen konnten."
2	Akzeptanz einholen	„Darf ich Ihnen etwas Persönliches sagen, das vor allem mich betrifft?"
3	Akzeptanz verifizieren	„Und Sie sind mir bestimmt nicht böse?"
4	Heikles Thema offen ansprechen	„Ich weiß, es ist mein Problem und über Geschmäcker lässt sich ja nicht streiten und es ist mir furchtbar peinlich – aber Ihr neues Parfum hat einen Geruch, den ich kaum ertragen kann. Im Gegenteil, es wird mir richtig gehend übel davon. Wäre es vielleicht möglich, dass Sie dieses Parfum außerhalb der Arbeitszeit benutzen?"
5	Hilfe anbieten	„Ich wäre Ihnen außerordentlich dankbar, wenn Sie mir in dieser Sache entgegenkommen könnten."

6	**Akzeptanz nochmals erfragen**	*„Habe ich Ihnen das sagen dürfen?"*
7	**Vertrauensbeweis (und ggf. weiteres Vorgehen)**	*„Ich weiß, dieses Problem liegt ganz auf meiner Seite. Umso glücklicher bin ich, dass ich den Mut gefasst habe, mit Ihnen darüber zu sprechen. Ich hoffe, Sie sprechen mit mir auch so offen, wenn Sie einmal etwas auf dem Herzen haben."*

Ausgewählte weiterführende Literatur

Bone, Diane: *Richtig zuhören – mehr erreichen.* Wien: *Ueberreuter*, 1998.

Bredemeier, Karsten: *Provokative Rhetorik? Schlagfertigkeit!* Zürich: Orell Füssli, 1996.

Bredemeier, Karsten / Neumann, Reiner: *Nie wieder sprachlos.* Zürich: Orell Füssli, 1999.

Cialdini, Robert B.: *Die Psychologie des Überzeugens.* Bern: Huber, 1997.

Crisand, Ekkehard / Crisand, Marcel: *Psychologie der Gesprächsführung.* Heidelberg: Sauer, 2000.

Drucker, Peter F.: *Die ideale Führungskraft und die hohe Schule des Managers.* Düsseldorf: Econ, 1995.

Esser, Axel / Wolmerath, Martin: *Mobbing. Der Ratgeber für Betroffene und ihre Interessenvertretung.* 5. aktualisierte Auflage. Frankfurt: Bund, 2003.

Fisher, Roger / Ury, William / Patton, Bruce M.: *Das Harvard-Konzept.* Sachgerecht verhandeln – erfolgreich verhandeln. 21. Auflage. Frankfurt / New York: Campus, 2002.

Glasl, Friedrich: *Selbsthilfe in Konflikten. Konzepte – Übungen – Praktische Methoden.* 3. Auflage. Bern: Haupt, 2004.

Glasl, Friedrich: *Konfliktmanagement. Ein Handbuch für*

Führungskräfte, Beraterinnen und Berater. 8., überarbeitete Auflage. Bern: Haupt, 2004.

Goleman, Daniel: *Emotionale Intelligenz.* München: Hanser, 1995.

Gordon, Thomas: *Managerkonferenz. Effektives Führungstraining.* Reinbek: Rowohlt, 1979.

Grimm, Bernhard A.: *Macht und Verantwortung. Ein Anti-Macchiavelli für Führungskräfte.* Wiesbaden: Gabler, 1996.

Günther Ulrich / Sperber, Wolfram: *Handbuch für Kommunikations- und Verhaltenstrainer.* 3., aktualisierte Auflage. Basel: Ernst Reinhardt, 2000.

Hamann, Angelika / Huber, Johann J.: *Coaching.* 4., überarbeitete Auflage. Leonberg: Rosenberger Fachverlag, 2001.

Hierhold, Emil / Laminger, Erich: *Gewinnend argumentieren.* Wien: Ueberreuter, 1995.

Hofbauer, Helmut / Winkler, Brigitte: *Das Mitarbeitergespräch als Führungsinstrument.* 3., erweiterte Auflage. München: Hanser, 2004.

Hohenadl, Christa: *Kommunikationstraining: Richtig hören, verstehen, reden.* Stuttgart: Klett, 2001.

Jetter, Frank / Skrotzki, Rainer (Hrsg.): *Handbuch Zielvereinbarungsgespräche. Konzeption, Durchführung, Gestaltungsmöglichkeiten.* Stuttgart: Schäffer-Poeschel, 2000.

Kaiser, Artur / Kaiser, Dietburg / Kaiser, Manfred: *Schwierige Gespräche – kein Problem. Führungssicherheit durch Kompetenz.* 3. Auflage. Wien: Linde, 1999.

Kiesow, Hans: *Heiße Eisen – Schwierige Mitarbeitergespräche motivierend führen*. 2. Auflage. Düsseldorf: Econ, 1995.

Kindler, Herbert S.: *Konflikte konstruktiv lösen*. Wien: Ueberreuter, 1994.

Lay, Rupert: *Führen durch das Wort*. Frankfurt: Ullstein, 1996.

Leeds, Dorothy: *Die Kunst der Kommunikation*. Zürich: Orell Füssli, 1988.

Lotmar, Paula / Tondeur, Edmond: *Führen in sozialen Organisationen*. 6. Auflage. Bern: Haupt, 1999.

Malik, Fredmund: *Führen – leisten – leben. Wirksames Management für eine neue Zeit*. 15. Auflage. Stuttgart: DVA, 2003.

Meier, Rolf: *Führen mit Zielen. Fördern – Fordern – Motivieren*. 2., neu bearbeitete Auflage. Regensburg: Walhalla, 2001.

Motamedi, Susanne: *Konfliktmanagement. Vom Konfliktvermeider zum Konfliktmanager: Grundlagen, Techniken, Lösungswege*. Offenbach: GABAL, 1999.

Paturi, Felix R.: *Der Rolltreppeneffekt*. Reinbek: Rowohlt, 1972.

Reagan, Nancy: *Jetzt kann ich reden*. München: Heyne, 1990.

Scheler, Uwe: *Management der Emotionen. 25 Übungen zur Verbesserung der emotionalen Intelligenz*. Offenbach: GABAL, 1999.

Schulz von Thun, Friedemann: *Miteinander reden 1, 2 und 3*. Reinbek: Rowohlt, 1999.

186

Simon, Walter: *Ziele managen*. Offenbach: GABAL, 2000.

Sprenger, Reinhard K.: *Dreißig Minuten für mehr Motivation*. Offenbach: GABAL, 1999.

Sprenger, Reinhard K.: *Mythos Motivation*. 18. Auflage. Frankfurt / New York: Campus, 2004.

Ulsamer, Bertold: *Exzellente Kommunikation mit NLP. Als Führungskraft den Draht zum anderen finden*. 6. Auflage. Offenbach: GABAL, 1997.

von Hornstein, Elisabeth / von Rosenstiel, Lutz: *Ziele vereinbaren – Leistung bewerten. 360-Grad-Beurteilung – Feedback-Führerschein – Personalentwicklung*. München: Langen Müller Herbig, 2000.

von Rotenhan, Eleonore / Sahm, August: *Mitmenschlichkeit im Betrieb*. Landbsberg: Moderne Industrie, 1986.

Weisbach, Christian R.: *Professionelle Gesprächsführung. Ein praxisnahes Lese- und Übungsbuch*. 6., überarbeitete Auflage. München: dtv, 2003.

Stichwortverzeichnis